Einsatz neuer Mensch-Maschine-Schnittstellen für Robotersimulation und -programmierung

vorgelegt von

Dipl.-Ing. Jens-Günter Neugebauer

aus Castrop-Rauxel

Hauptberichter :	Prof. Dr.-Ing. Dr. h.c. mult. H.-J. Warnecke
Mitberichter :	Prof. Dr.-Ing. habil. H.-J. Bullinger
Tag der Einreichung :	22. Januar 1997
Tag der mündlichen Prüfung :	3. Juli 1997

Jens-Günter Neugebauer

Einsatz neuer Mensch-Maschine-Schnittstellen für Robotersimulation und -programmierung

Mit 48 Abbildungen

Dr.-Ing. Jens-Günter Neugebauer
Fraunhofer-Institut für Produktionstechnik und Automatisierung (IPA), Stuttgart

Prof. Dr.-Ing. Dr. h. c. mult. H.-J. Warnecke
o. Professor an der Universität Stuttgart
Präsident der Fraunhofer-Gesellschaft, München

Prof. Dr.-Ing. habil. Prof. E. h. Dr. h. c. H.-J. Bullinger
o. Professor an der Universität Stuttgart
Fraunhofer-Institut für Arbeitswirtschaft und Organisation (IAO), Stuttgart

D 93

ISBN-13: 978-3-540-63568-0 e-ISBN-13: 978-3-642-47909-0
DOI: 10.1007/ 978-3-642-47909-0

Gesamtherstellung: Copydruck GmbH, Heimsheim
SPIN 10647341 62/3020–5 4 3 2 1 0

Geleitwort der Herausgeber

Über den Erfolg und das Bestehen von Unternehmen in einer marktwirtschaftlichen Ordnung entscheidet letztendlich der Absatzmarkt. Das bedeutet, möglichst frühzeitig absatzmarktorientierte Anforderungen sowie deren Veränderungen zu erkennen und darauf zu reagieren.

Neue Technologien und Werkstoffe ermöglichen neue Produkte und eröffnen neue Märkte. Die neuen Produktions- und Informationstechnologien verwandeln signifikant und nachhaltig unsere industrielle Arbeitswelt. Politische und gesellschaftliche Veränderungen signalisieren und begleiten dabei einen Wertewandel, der auch in unseren Industriebetrieben deutlichen Niederschlag findet.

Die Aufgaben des Produktionsmanagements sind vielfältiger und anspruchsvoller geworden. Die Integration des europäischen Marktes, die Globalisierung vieler Industrien, die zunehmende Innovationsgeschwindigkeit, die Entwicklung zur Freizeitgesellschaft und die übergreifenden ökologischen und sozialen Probleme, zu deren Lösung die Wirtschaft ihren Beitrag leisten muß, erfordern von den Führungskräften erweiterte Perspektiven und Antworten, die über den Fokus traditionellen Produktionsmanagements deutlich hinausgehen.

Neue Formen der Arbeitsorganisation im indirekten und direkten Bereich sind heute schon feste Bestandteile innovativer Unternehmen. Die Entkopplung der Arbeitszeit von der Betriebszeit, integrierte Planungsansätze sowie der Aufbau dezentraler Strukturen sind nur einige der Konzepte, welche die aktuellen Entwicklungsrichtungen kennzeichnen. Erfreulich ist der Trend, immer mehr den Menschen in den Mittelpunkt der Arbeitsgestaltung zu stellen - die traditionell eher technokratisch akzentuierten Ansätze weichen einer stärkeren Human- und Organisationsorientierung. Qualifizierungsprogramme, Training und andere Formen der Mitarbeiterentwicklung gewinnen als Differenzierungsmerkmal und als Zukunftsinvestition in *Human Resources* an strategischer Bedeutung.

Von wissenschaftlicher Seite muß dieses Bemühen durch die Entwicklung von Methoden und Vorgehensweisen zur systematischen Analyse und Verbesserung des Systems Produktionsbetrieb einschließlich der erforderlichen Dienstleistungsfunktionen unterstützt werden. Die Ingenieure sind hier gefordert, in enger Zusammenarbeit mit anderen Disziplinen, z. B. der Informatik, der Wirtschaftswissenschaften und der Arbeitswissenschaft, Lösungen zu erarbeiten, die den veränderten Randbedingungen Rechnung tragen.

Die von den Herausgebern langjährig geleiteten Institute, das

- Institut für Industrielle Fertigung und Fabrikbetrieb der Universität Stuttgart (IFF),
- Institut für Arbeitswissenschaft und Technologiemanagement (IAT),
- Fraunhofer-Institut für Produktionstechnik und Automatisierung (IPA),
- Fraunhofer-Institut für Arbeitswirtschaft und Organisation (IAO)

arbeiten in grundlegender und angewandter Forschung intensiv an den oben aufgezeigten Entwicklungen mit. Die Ausstattung der Labors und die Qualifikation der Mitarbeiter haben bereits in der Vergangenheit zu Forschungsergebnissen geführt, die für die Praxis von großem Wert waren. Zur Umsetzung gewonnener Erkenntnisse wird die Schriftenreihe „IPA-IAO - Forschung und Praxis" herausgegeben. Der vorliegende Band setzt diese Reihe fort. Eine Übersicht über bisher erschienene Titel wird am Schluß dieses Buches gegeben.

Dem Verfasser sei für die geleistete Arbeit gedankt, dem Springer-Verlag für die Aufnahme dieser Schriftenreihe in seine Angebotspalette und der Druckerei für saubere und zügige Ausführung. Möge das Buch von der Fachwelt gut aufgenommen werden.

H.-J. Warnecke H.-J. Bullinger

Vorwort

Die vorliegende Arbeit entstand während meiner Tätigkeit als wissenschaftlicher Mitarbeiter am Fraunhofer-Institut für Produktionstechnik und Automatisierung (IPA), Stuttgart.

Herrn Professor Dr.-Ing. Dr. h.c. mult. H.- J. Warnecke danke ich für seine wohlwollende Unterstützung und Förderung der Arbeit.

Herrn Professor Dr.-Ing. Dr. h.c. H.- J. Bullinger danke ich für die Durchsicht der Arbeit und für die Übernahme des Mitberichts.

Allen beteiligten Mitarbeitern des Institutes danke ich für ihre freundliche Unterstützung. Besonderer Dank gebührt den Herren Dr.-Ing. Dipl.-Inform. W. M. Strommer, Dr.-Ing. E. Degenhart für die kritischen Diskussionen und anregende Kritik sowie den Herren Prof. Dr.-Ing. R. D. Schraft und Dr.-Ing. M. Schweizer für ihre Förderung.

Stuttgart, im Juli 1997 Jens-Günter Neugebauer

Inhaltsverzeichnis

Abkürzungen und Formelzeichen

Großbuchstaben

2D	Zweidimensional
3D	Dreidimensional
3D-PG	3D-Programmiergerät
3D-SK	3D-Sensorkugel
ANSI	American National Standards Institute
BOOM	Binocular Omni Oriented Monitor
BNC	Bayonet Net Connector
CAD	Computer Aided Design
D	Auslenkung der Sensorkugel
DLR	Deutsche Forschungsanstalt für Luft- und Raumfahrt e.V.
DXF	Data Exchange Format
Fa.	Firma
FHG	Freiheitsgrade
GL	Graphics Library
HMD	Head Mounted Display
Hz	Hertz
I/O	Input / Output
IGES	Initial Graphics Exchange Standard
Int.	International
LCD	Liquid Crystal Display
LoD	Level of Detail
NTSC	National Television System Committee
PC	Personal Computer
PHG	Programmierhandgerät
PKS	Punkte-Koordinatenssystem

Proc.	Proceedings
RGB	Red Green Blue
RISC	Reduced Instruction Set Computer
RPY	Roll Pitch Yaw
STEP	Standard For The Exchange Of Product Data
TCP	Tool Centre Point
VDI	Verein Deutscher Ingenieure
VR	Virtual Reality
X, Y, Z	Koordinaten

Kleinbuchstaben

cm	Zentimeter
f	Frequenz
s	Sekunde
t	Zeit
v	Geschwindigkeit

griechische Symbole

α	1. Kardandrehwinkel
β	2. Kardandrehwinkel
γ	3. Kardandrehwinkel
Δt	Zeitdauer des Berechnungszyklus
Δs	Zurückgelegte Wegstrecke während Δt

mathematische Symbole

$^{\circ}$	Gradzeichen für Winkelangaben
s	Standardabweichung
$\overline{x}$	Mittelwert

%	Prozent
{A}	Referenzkoordinatensystem des realen Roboters
{B}	Koordinatensystem des realen TCP
{C}	Referenzkoordinatensystem des Positionserfassungssystems
{D}	Koordinatensystem des Positionserfassungssensors am HPG
{E}	Referenzkoordinatensystem
{G}	Referenzkoordinatensystem des Positionserfassungssystems in der Simulation
{H}	Koordinatensystem des Positionserfassungssensors des Kopfes in der Simulation
{J}	Koordinatensystem des Positionserfassungssensors in der Simulation
{K}	Referenzkoordinatensystem des simulierten Roboters
{L}	Koordinatensystem des simulierten TCP
{R}	Weltreferenzkoordinatensystem
{S}	Weltreferenzkoordinatensystem der Simulation
f	Bildwiederholfrequenz
T	Transformationsmatrix
T_M	Gesamtmanipulationstransformation der 3D-Sensorkugel
T_δ	Manipulationstransformation der 3D-Sensorkugel
$T_{\delta_{rot}}$	Rotatorischer Anteil von T_δ
$T_{\delta_{trans}}$	Translatorischer Anteil von T_δ

1 Einleitung

1.1 Problemstellung

Industrieroboter spielen eine wichtige Rolle in der Produktion. Von 1982 bis 1995 erhöhte sich die Anzahl der in Europa installierten Industrieroboter von 900 auf über 56000 Einheiten /1/, /2/. Die Haupteinsatzgebiete liegen in den Bereichen Schweißen, Montage und Handhabung /3/.

Finden sich die meisten Industrierobotereinsätze in der Großserienfertigung, werden in zunehmenden Maße auch Roboter in der Mittelserienfertigungen und in neuen Anwendungen eingesetzt /4/, /5/. Bei diesen Einsätzen ist der Zeitaufwand für die Roboterprogrammierung im Verhältnis zur Produktionszeit noch ungünstiger als in der Großserienfertigung /6/. Um eine kosteneffiziente Roboteranwendung zu erreichen, ist eine detaillierte Planung und Vorbereitung des Robotereinsatzes erforderlich /7/. Schnelle Planungs- und Programmierverfahren sollen daher den Roboteranwender unterstützen, den Einsatz von Industrierobotern wirtschaftlicher zu gestalten /8/,/9/.

Aus diesem Grunde gewinnen Robotersimulations- und Off-line Programmiersysteme immer mehr an Bedeutung /10/, /11/, /12/. Mit ihnen lassen sich Robotereinsätze vorab planen, Aussagen über Leistungsdaten treffen, um erste Anhaltspunkte über die Wirtschaftlichkeit zu erhalten und Roboterprogramme generieren, ohne die reale Roboterzelle zur Programmierung heranziehen zu müssen /13/, /14/, /15/. Insbesondere in der Automobilindustrie ist der zunehmende kommerzielle Einsatz dieser Systeme mit nachvollziehbaren wirtschaftlichen Vorteilen zu verzeichnen. Am Beispiel des Opel Calibra konnte die gesamte Programmierzeit der 141 Schweißroboter durch Off-line Programmierung von 11000 Stunden auf 6000 Stunden verringert werden /16/. Diese Systeme bestehen im wesentlichen aus den Komponenten Modellierung, Simulation, Programmierung und Benutzerschnittstelle /17/.

Deutliche Leistungssprünge der Computerhardware und die Weiterentwicklung der Funktionalität haben die Leistungsfähigkeit der Simulationssysteme erhöht /18/, /19/, /20/. Die kommerziellen Simulationssysteme verfügen inzwischen über umfangreiche Robotersimulationsmodelle, Programmiersprachen und graphische Darstellung in Echtzeit.

Im Gegensatz dazu haben sich die Mensch-Maschine-Schnittstellen zur Robotersimulation und Roboterprogrammierung kaum verändert. Potential zur Erhöhung der Benutzerfreundlichkeit, Reduzierung des Programmieraufwandes und Verbesserung der räumlichen Darstellung von vorhandenen Informationen blieb dadurch ungenutzt. Am Beispiel des Opel Calibra bedeutet dies konkret, daß durch den Modellwechsel immer noch 5000 Stunden Programmierarbeit am Bildschirm und 1000 Stunden Programmierarbeit an den Robotern erforderlich sind. Erhebliches Rationalisierungspotential zur Reduzierung des Zeit- und damit des Kostenaufwandes liegt in den verwendeten Mensch-Maschine-Schnittstellen.

Bei der prozeßnahen Programmierung werden nach wie vor überwiegend Programmierhandgeräte verwendet, mit denen der Roboter durch Drücken von Eingabetasten in kartesischen Koordinaten verfahren werden kann. Um eine gewünschte Position und Orientierung des Roboters zu erreichen, kann der Programmierer des Roboters die gewünschten Roboterbewegungen jedoch nicht direkt vorgeben, sondern muß ständig wechselnde Koordinatensysteme verwenden und die entsprechenden Eingabetasten am Programmierhandgerät drücken /6/, /21/. Dieses Verfahren ist zeit- und kostenaufwendig, da es hohe Anforderungen an das Abstraktionsvermögen des Programmierers stellt und häufig zu Fehlbedienungen und Beschädigungen am Robotersystem führt /22/.

Bei der prozeßfernen Programmierung und Simulation am Bildschirm werden hohe Anforderungen an das räumliche Vorstellungsvermögen des Programmierers gestellt /21/. Gilt es hier, räumliche Bewegungen des Roboters zu erzeugen, stehen keine Schnittstellen zur Verfügung, die eine direkte Vorgabe der Bahn in allen sechs Freiheitsgraden ermöglichen. Die Darstellung der räumlichen Information am herkömmlichen Graphikbildschirm ist im Hinblick auf räumliche Wahrnehmbarkeit noch weit von der Realität der Roboterarbeitszelle entfernt. Diese Mängel tragen dazu bei, daß die erforderliche Zeit zum Generieren der Roboterbahn zeitaufwendig bleibt.

1.2 Zielsetzung

Ziel der vorliegenden Arbeit ist es, den bei der Roboterbahnprogrammierung anfallenden Aufwand durch neue Eingabeverfahren zu verringern. Dazu werden Mensch-Maschine-Schnittstellen zur Robotersimulation und -programmierung entwickelt, die durch erhöhte Benutzerfreundlichkeit den Zeitbedarf bei der Roboterbahnprogrammierung verringern. Die Vorteile solcher Mensch-Maschine-Schnittstellen für die Roboterbahnprogrammierung sollen für die folgenden Einsatzgebiete aufgezeigt werden:

- Prozeßnahe Roboterbahnprogrammierung,
- Robotersimulation und
- Off-line Programmierung.

Der Programmierer soll die Möglichkeit haben, Roboterbewegungen prozeßnah durch Übertragen seiner Handbewegungen intuitiv, durch "Vormachen", zu erzeugen. Diese Eigenschaft der direkten Bahnvorgabe ist auch gefordert, wenn diese Bewegungen in einer graphischen Simulation erzeugt werden. Dies wiederum setzt voraus, daß der Programmierer einer solchen Simulation eine räumliche, dreidimensionale Darstellung der Information erhält. Ziel ist es, diesem Programmierer eine intuitive Wahrnehmung zu ermöglichen, bei der die Blickrichtung auf die simulierte, vom Graphikcomputer dargestellte Szene direkt vom Bediener vorgegeben werden kann. Die erforderlichen mathematischen Herleitungen sollen auf der Basis der in der Robotertechnik üblichen, mathematischen Grundlagen /23/ erfolgen.

1.3 Vorgehensweise

Zur systematischen Planung, Konzeption und Realisierung solcher Mensch-Maschine-Schnittstellen werden folgende Schritte bearbeitet:

- Nach der Darstellung des Stands der Technik sind die Anforderungen an die Mensch-Maschine-Schnittstellen herzuleiten.

- Um eine Funktionsfähigkeit in den angestrebten Einsatzgebieten zu erreichen, ist der erforderliche Funktionsumfang der Mensch-Maschine-Schnittstellen zu ermitteln.

- Als Grundlage für die Mensch-Maschine-Schnittstellen werden Schnittstellen-Konzepte entwickelt, bewertet und in ein Bedienkonzept integriert.

- Für die Realisierung der Mensch-Maschine-Schnittstellen sind die erforderlichen mathematischen Verfahren herzuleiten.

- Für die prozeßferne Programmierung ist ein geeignetes Verfahren zur graphischen Simulation zu entwickeln.

- Die Umsetzung der Konzeption in einen Prototyp, welcher neben der Simulationseinrichtung auch die Anbindung eines realen Handhabungsgerätes erlaubt, soll am Beispiel der Bahnprogrammierung eines Werkstückes mit einem Industrieroboter erfolgen.

2 Stand der Technik

2.1 Begriffe und Definitionen

Zur begrifflichen Einordnung und Abgrenzung von Mensch-Maschine-Schnittstellen für die Robotersimulation und -programmierung dienen folgende Definitionen:

- **Mensch-Maschine-Kommunikation** ist die Gesamtheit derjenigen Wechselwirkungen zwischen Mensch und Maschine in Mensch-Maschine-Systemen, die für deren bestimmungsgemäßes und fehlerfreies Funktionieren erforderlich sind /24/, /25/.

- Die Gesamtheit der Geräte, die der Mensch-Maschine-Kommunikation dienen, wird als **Mensch-Maschine-Schnittstelle** bezeichnet /26/.

- **Robotersimulation** ist ein Verfahren zur Bearbeitung der Aufgabenstellungen beim Entwurf und bei der Programmierung der Industrierobotersysteme am Computerarbeitsplatz /27/.

- Eine **Bedienstation** zur Robotersimulation und -programmierung ist die Ausprägung eines Bedienkonzeptes mit entsprechend spezifizierten Mensch-Maschine-Schnittstellen.

- **Graphische Simulation** ist ein Simulationsverfahren zur Visualisierung von Informationen, die aus einer Simulation gewonnen werden.

- **Echtzeit-Darstellungen** in der graphischen Simulation bezeichnen eine graphische Darstellungsform, bei der die zeitliche Abfolge der Darstellung mit den simulierten Abläufen der Realität übereinstimmt. Die Bilder werden dazu in Sekundenbruchteilen berechnet und dargestellt.

- Die **graphische Objektmanipulation** ist die Veränderung der Position und Orientierung eines graphisch simulierten Objektes mit Eingabegeräten /23/.

- Die **Bildwiederholfrequenz** gibt die Häufigkeit je Sekunde an, mit der ein Bild einer graphischen Simulation im Simulationszyklus neu berechnet und dargestellt werden kann /28/.

- **Navigation** in der Simulation bezeichnet den Vorgang, der erforderlich ist, damit der Betrachter einer graphischen Simulation seine virtuelle Position, und damit seine Sicht auf die graphischen Objekte einstellen kann.

- Die Position und Orientierung der Blickrichtung des „virtuellen Betrachters“ in einer graphischen Simulation ist durch einen **Sichtvektor** beschrieben.

2.2 Ausgangssituation

Mit der wachsenden Anzahl der eingesetzten Industrieroboter hat der dafür erforderliche Programmierbedarf zugenommen. Da die Programmierdauer und die damit verbundenen Kosten direkten Einfluß auf die Wirtschaftlichkeit der Robotereinsätze haben, werden die unterschiedlichsten Verfahren und Geräte zur Programmierung, entsprechend ihrer Einsatzgebiete und technischen Voraussetzungen, entwickelt und eingesetzt. Die bisher eingesetzten Verfahren und Geräte lassen sich zum einen den Anforderungen der Anwender und zum anderen den inzwischen im Bereich der graphischen Simulation verfügbaren Verfahren und Geräte gegenüberstellen.

2.2.1 Programmierverfahren im Überblick

Die Programmierverfahren für Roboter lassen sich im wesentlichen in Verfahren zur prozeßnahen Programmierung, also direkt am Roboter (On-line) und in Verfahren der prozeßfernen Programmierung (Off-line) unterscheiden /29/.

In beiden Fällen setzen sich die Programme aus der Bahnprogrammierung und der Ablaufprogrammierung zusammen, d. h. man unterscheidet zwischen Programmkomponenten, die für die Erzeugung der Roboterbahnen erforderlich sind und Programmkomponenten, die für die Abläufe der Ereignisse innerhalb der Roboterarbeitszelle notwendig sind.

Zur Erzeugung der Ablaufprogramme kann auf textuelle Hilfen zurückgegriffen werden. Sie werden z.B. mit einem Texteditor erzeugt.

Falls die einzelnen Bahnpunkte nicht als Koordinatenwerte gespeichert sind und manuell eingegeben werden müssen, um die Bahnprogrammierung durchführen zu können, ist eine Programmierhilfe erforderlich. Sind die CAD-Daten des zu bearbeitenden Werkstücks vorhanden, lassen sich Bewegungsprogramme durch Ankopplung der Datensätze zum Teil automatisch erzeugen /30/.

Bei einer freien Vorgabe der Bahnpunkte sind weitere Programmierhilfen erforderlich. Bei der prozeßfernen Programmierung wird der Roboter über ein Eingabegerät in die gewünschte Position und Orientierung verfahren.

Bei der graphischen Off-line Programmierung wird dem Programmierer eine graphische Repräsentation der Industrieroboterzelle auf dem Bildschirm präsentiert, mit der die Roboterbahnen des simulierten Roboters vorgegeben werden. Da der simulierte Roboter und seine Umgebung niemals völlig mit der realen Roboterzelle übereinstimmen /31/, z. B. weil das reale Werkstück aufgrund seines Eigengewichtes seine ursprüngliche Form verändert und damit dem zugrundeliegenden CAD-Modell nicht mehr entspricht, ist ein Nachbearbeiten der Roboterbahn erforderlich. Dies geschieht in der Regel wieder prozeßnah. Aus diesem Grund ist die Off-line Programmierung in vielen Fällen eine hybride Programmierung. Bild 1 zeigt die Programmierverfahren im Überblick.

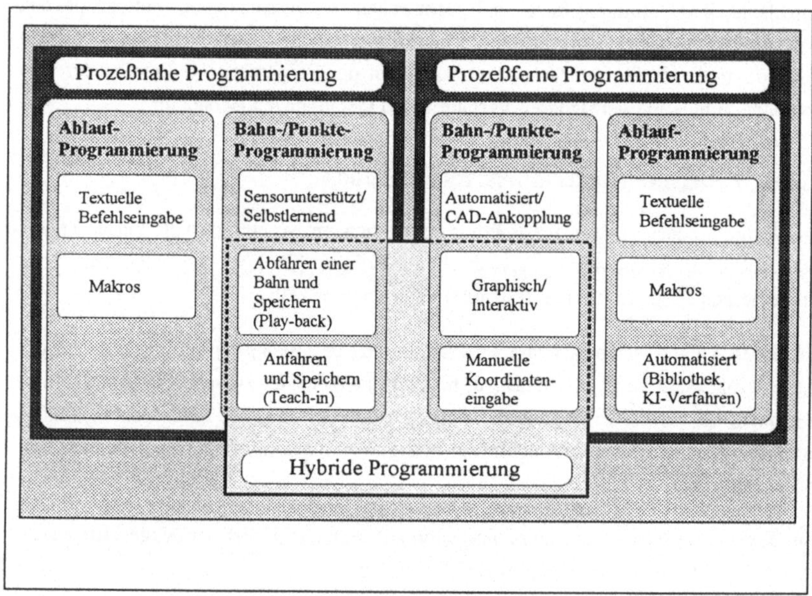

Bild 1: Übersicht Roboterprogrammierverfahren

Ähnliche Problemstellungen ergeben sich, wenn der Roboter zur Teleoperation eingesetzt werden soll. In /32/ wird ein Verfahren vorgestellt, bei dem die Roboterbewegungen graphisch interaktiv vorgegeben werden, um einen Roboter teleoperativ in einer Orbitalstation zu steuern. Grundlage dafür ist eine graphische Simulation, mit der Roboterbahnen interaktiv erzeugt werden können. Um die Zeitverzögerung durch die Signalübertragung zu kompensieren, wird die Simulation um eine prädiktive Komponente ergänzt. Reale Umweltdaten des ferngesteuerten Roboters werden zum Abgleich wieder in die Simulation zurückgeführt.

Die existierenden Verfahren und die verwendeten Schnittstellen zur Robotersimulation und -programmierung werden im folgenden detaillierter erfaßt.

2.2.2 Eingabegeräte zur prozeßnahen Bahnprogrammierung

Wie Bild 1 zeigt, kann die Bahnprogrammierung durch Anfahren und Speichern von Bahnpunkten (Teach-in Programmierung), oder durch Abfahren und Speichern einer Bahn (Play-back Programmierung) erfolgen. Das am häufigsten eingesetzte Verfahren ist die Teach-in Programmierung /6/. Bei diesem Programmierverfahren werden vom Bediener die für den Arbeitsvorgang markanten Punkte angefahren und mittels Tastendruck gespeichert.

Bei der Play-back Programmierung fährt der Bediener die Bahn mit einem Programmierhilfsmittel ab. Dabei werden kontinuierlich die Werte von Position und Orientierung des Roboterwerkzeuges abgespeichert und anschließend bei der Programmausführung wieder vom Roboter angefahren. Diese Technik wird häufig bei Lackierrobotern eingesetzt, da die Roboterbahnen nicht exakt von der Geometrie des Werkstückes abhängig sind, sondern von den Lackierprozessen und der Erfahrung des programmierenden Lackierers.

Bei der prozeßnahen Programmierung kommen vier verschiedene Formen von Eingabeverfahren und -geräten zum Einsatz /22/:

- ❑ Direkte Führung des Roboters
  Durch die Verwendung von Kraft-/Momentensensoren am Roboterwerkzeug, lassen sich die Industrieroboter von Hand führen. Diese Sensoren erfassen, welche Kräfte und Momente der Bediener mit seiner Hand auf das Roboterwerkzeug ausübt und bewirken ein "Nachgeben" des Roboters in die entsprechende Richtung. Dabei werden die Werte der Wegmeßsysteme des Roboters laufend erfaßt und abgespeichert. Voraussetzungen dabei sind, daß die angebrachte Last leicht genug ist und die räumlichen Begebenheiten die direkte Anwesenheit des Bedieners erlauben.

- ❑ Führung mit Hilfsmittel
  Ein Hilfsmittel wie z. B. ein kinematisches Modell, wird vom Programmierer entlang der gewünschten Roboterbahn geführt. Die Wegmeßsysteme des Hilfsmittels erfassen und speichern die gewünschte Roboterbahn, die

anschließend vom Industrieroboter abgefahren werden kann. Typische Hilfsmittel sind z. B. ein in Leichtbauweise gefertigtes kinematisches Modell des Industrieroboters oder Inertialmeßsysteme, welche die Kontur der gewünschten Roboterbahn geometrisch erfassen.

- Master-Slave-Führung
  Ist eine simultane Führung des Industrieroboters erforderlich (z. B. zum Verifizieren der Bahn, oder wenn schwere Teile gehandhabt werden müssen), werden die Bahndaten, z. B. von einem kinematischen Modell simultan auf den Roboter übertragen und die Bewegungen ausgeführt. Im Gegensatz zur Führung mit Hilfsmitteln werden die Roboterbewegungen demnach gleichzeitig erzeugt.

- Führung mit Programmierhandgeräten (PHG)
  Der Roboter kann durch Drücken von einzelnen Verfahrtasten oder Bedienen eines Steuerknüppels (Joystick) am Programmierhandgerät in verschiedenen Koordinatensystemen verfahren werden. Die meisten Robotersteuerungen erlauben dem Bediener die Wahl zwischen Werkzeug-, Roboterwelt- oder Roboterachskoordinaten.

Das Programmierhandgerät ist das am häufigsten eingesetzte Eingabegerät. Die neueste Generation von kommerziell verfügbaren PHG zeichnet sich durch eine Erweiterung der Eingabemöglichkeiten aus /33/. Zur Verbesserung der textuellen Programmiermöglichkeiten wurde eine alphanumerische Tastatur und ein Flüssigkristall-Bildschirm (LCD-Bildschirm) im PHG integriert. Weiterhin wurde an Stelle des Steuerknüppels eine Steuerkugel angebracht, die der von der DLR entwickelten 3D-Sensorkugel entspricht /34/. Bild 2 zeigt ein solches PHG.

Im Bereich der prozeßnahen Programmierung für industrielle Roboteranwendungen sind weiterhin folgende Entwicklungen betrieben worden:

In /6/ wird ein Programmierzeiger beschrieben, der in der Hand frei bewegbar ist. Mit diesem Programmierzeiger kann eine Geschwindigkeitsvorgabe für den Referenzpunkt des Roboterwerkzeugs (Tool Centre Point, TCP) erfolgen. Dies geschieht, indem mit dem Programmierzeiger in diejenige Richtung gezeigt wird, in die der Roboter-TCP translatorisch verfahren werden soll.

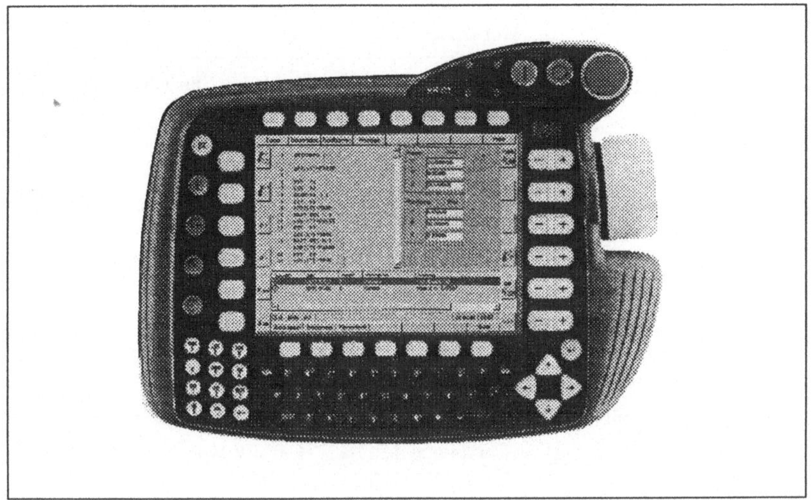

Bild 2: Programmierhandgerät der neuen Generation /33/.

Für rotatorische Veränderungen des Roboter-TCP wird der Programmierzeiger in die gewünschte Drehrichtung bewegt. Die rotatorischen und translatorischen Bewegungen werden dabei getrennt vorgegeben.

In /22/ wird ein Handsteuersystem beschrieben, welches das gleichzeitige Bedienen von sechs Freiheitsgraden mit einer Hand ermöglicht. Dazu wird der Geschwindigkeitsvektor des Roboter-TCP vorgegeben. Der Bediener betätigt das Gerät in diejenige Richtung, die der gewünschten Bewegungsrichtung des Roboter-TCP entspricht. Dieses Gerät stellt auch Kraftreflexion auf den Eingabegriff zur Verfügung und wird pneumatisch angetrieben. Eine direkte Vorgabe von Position und Orientierung ist nicht möglich.

Ein Gerät zur Play-back Programmierung, basierend auf einem inertialen Meßsystem wird in /21/ beschrieben. Mit dem Eingabegerät wird die gewünschte Roboterbahn nachgezeigt, die Bahnpunkte abgespeichert und dann in die Robotersteuerung übertragen. Der Roboter wird nach der kompletten Eingabe aller Werte bewegt. Das Eingabegerät enthält ein inertiales Meßsystem zur Erfassung der Daten von Position und Orientierung, die relativ zu gesetzten Referenzpunkten gemessen werden.

In Bild 3 sind die prozeßnahen Programmierverfahren zusammengestellt.

Programmierverfahren	Merkmale Betriebsart:	Abspeichern der Bahndaten durch:	Eingabe-Sensorik:
Direkte Führung	Play-back Teach-in	Wegmeßsysteme des Roboters	Kraft-Momenten-Sensor
Hilfsmittel-Führung: z. B. Kinematisches Modell	Play-back Teach-in	Wegmeßsysteme des Hilfssystems	Winkelgeber
Hilfsmittel-Führung: z.B. Inertialmeßsystem	Play-back Teach-in	Wegmeßsysteme des Hilfssystems	Beschleunigungs-aufnehmer, Kreisel
Master-Slave-Führung: z. B. Kinematisches Modell	Play-back Teach-in	Wegmeßsysteme des Hilfssystems	Winkelgeber
Master-Slave-Führung: z.B. mit Joystick /22/	Play-back Teach-in	Wegmeßsysteme des Roboters	Kraft-Momenten-Sensor
Programmierhandgerät /6/	Teach-in	Wegmeßsysteme des Roboters	Beschleunigungs-aufnehmer Magnetometer
Programmierhandgerät	Teach-in	Wegmeßsysteme des Roboters	-
Programmierhandgerät mit 3D-Sensorkugel	Teach-in	Wegmeßsysteme des Roboters	Kraft-Momenten-Sensor

Bild 3: Übersicht der prozeßnahen Programmierverfahren

2.2.3 Verfahren und Geräte zur prozeßfernen Programmierung

Kommerziell verfügbare Simulationssysteme zur prozeßfernen Programmierung sind in der Regel mehr als nur reine Programmierwerkzeuge. Über die Programmierung hinaus verfügen sie über Werkzeuge zur Modellierung und graphische Darstellung der Modelle und Abläufe. Nach /17/ lassen sich Robotersimulationssysteme in folgende Teilgebiete gliedern:

- Modellierung von Roboterzellen
- Zell- und Roboterprogrammierung
- Animation des Modells
- Benutzerschnittstelle

Die wesentlichen Komponenten von Robotersimulationssystemen sind in Bild 4 beschrieben.

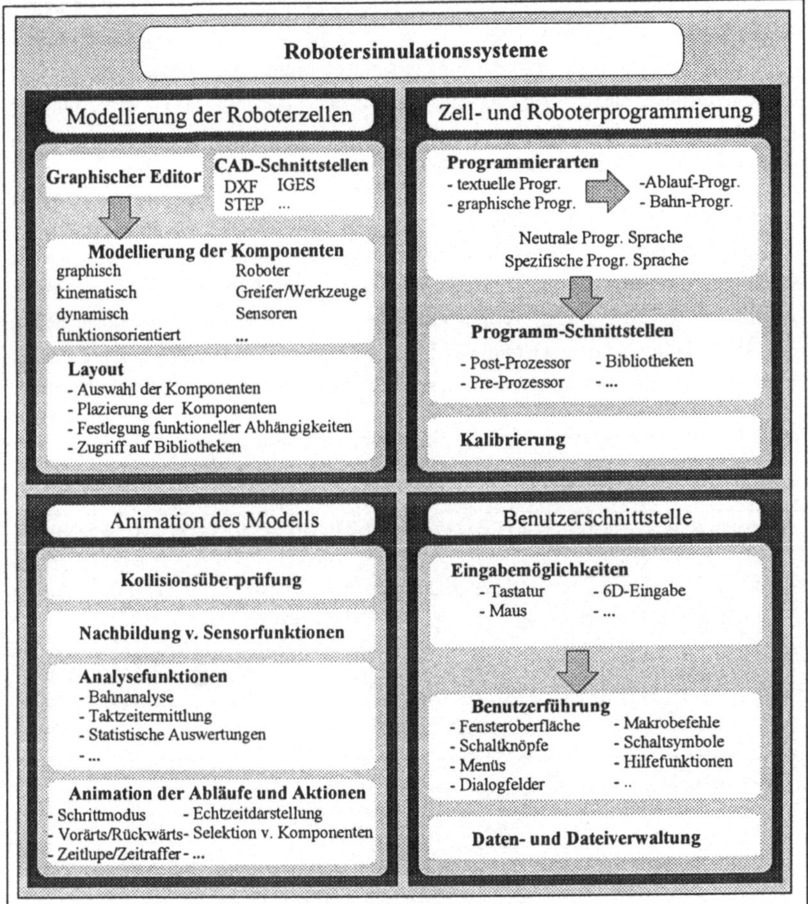

Bild 4: Aufbau von Robotersimulationssystemen

Für die Bahnprogrammierung in den gegenwärtig verfügbaren Off-line Programmiersystemen werden folgende Verfahren und Eingabegeräte verwendet:

Bei bekannten Bahnkoordinaten können diese über die alphanumerische Tastatur eingegeben werden. Sind die Bahnkoordinaten hingegen nicht bekannt, und eine automatisierte Bahnerzeugung mittels CAD-Kopplung /13/ nicht möglich, kann der von den prozeßfernen Programmiermethoden bekannte Eingabevorgang am Graphikbildschirm durchgeführt werden (graphisches Teach-in). In den meisten Off-line Programmiersystemen werden die Funktionen des PHG auf der Benutzeroberfläche abgebildet, um die einzelnen Freiheitsgrade (FHG) des Roboters zu bewegen. Zum Einsatz kommen dabei die Rolleingabegeräte (Computer-Maus), Drehgeber (Dialbox) /19/ und die 3D-Sensorkugel. Dadurch können beliebige Positionen des Roboter-TCP realisiert werden, die Durchführung ist jedoch sehr umständlich /35/.

Aus diesem Grund besteht in den Off-line Programmiersystemen die Möglichkeit, den TCP indirekt durch das Setzen von Punktekoordinatensystemen (PKS) zu plazieren. Am Bildschirm wird der anzufahrende Raumpunkt per Maus markiert und dort der Ursprung eines PKS gesetzt. Durch Drehung um die einzelnen Koordinatenachsen wird die endgültige Positionierung des PKS erreicht. Per Tastenklick nimmt der Roboter dann die gewünschte Position ein, d.h. der TCP stimmt mit dem PKS überein.

In Bild 5 sind die Eingabeverfahren in einer Übersicht zusammengefaßt.

	Verfahren				
Eingabegerät	numerische Koordinaten -eingabe	TCP in einzelnen FHG bewegen	TCP in 6 FHG bewegen	PKS-Ursprung setzen	PKS drehen
Tastatur	●				
Computermaus		●		●	●
Dialbox		●			●
3D-Sensorkugel			●		

● = wird eingesetzt

Bild 5: Verfahren und verwendete Eingabegeräte zur Bahnpositionierung

Neben der Bahnerzeugung der Roboter werden mit diesen Eingabegeräten Texte eingegeben, Dialog-Fenster aufgerufen und bewegt, Symbole (Icons) aktiviert und Menüs bzw. deren Funktionen aufgerufen /23/.

Nachdem in den letzten Jahren, dem allgemeinen Trend der Computerindustrie folgend, die Hardware von Graphikrechnern an Leistungsvermögen deutlich zugenommen hat, ist sie, relativ zur erbrachten Leistung, billiger geworden /36/.

Das hat dazu geführt, daß die Verwendung von graphischer Simulation stark zugenommen hat. Davon haben auch die Off-line Programmiersysteme profitiert. Damit verbunden, lassen sich folgende Tendenzen beobachten:

- Wurden aus Gründen der Rechnerkapazität die graphischen Modelle der Roboterzelle vor einigen Jahren als Gitterdrahtmodelle dargestellt, sind heute Flächendarstellungen üblich /13/, /37/.
- Zur Verbesserung der räumlichen Darstellung werden die Flächenmodelle mit Schattierungen dargestellt /38/.
- Bei einfachen Simulationsmodellen sind Echtzeitdarstellungen möglich. Die einzelnen Bilder werden in Bruchteilen von Sekunden generiert und, einem Trickfilm ähnlich, aneinander gereiht. Der Bediener kann am Bildschirm Bewegungsvorgänge wie in einer Trickfilmsequenz beobachten und daraufhin Entscheidungen treffen /39/.
- Einige der Off-line Programmiersysteme bieten bereits eine räumliche dreidimensionale Darstellung (Stereodarstellung) der graphischen Simulation mittels Flüssigkristall-Brillen (Shutter-Brille) /18/.

2.2.4 Ein- und Ausgabegeräte zur graphischen Simulation

Unter dem Begriff „Virtuelle Realität“ (Virtual Reality) sind in den letzten Jahren eine Vielzahl von Simulationstechniken entwickelt worden /40/, /41/, /42/, /43/. Auch wenn sich keine der Definitionen dieses Begriffes durchgesetzt hat, werden in den meisten Fällen damit graphische Simulationen bezeichnet, die sich durch die Merkmale „interaktive Realzeitdarstellung“ und „interaktive Manipulation von graphischen Objekten“ auszeichnen.

Zum Teil wird durch spezielle Darstellungsarten die äußere Umgebung des Benutzers ausgeblendet, man spricht dabei von immersiver Darstellung /44/. Der Betrachter der Simulation wird so zum Teil ihrer selbst. Von den wenigen bisher verfügbaren kommerziellen Virtual Reality Systemen wurde das der Fa. VPL /46/ als erstes vermarktet. Es ist wie folgt gekennzeichnet:

Der Bediener ist mit einem kopfgebundenem Darstellungssystem (Head Mounted Display, HMD) und einem Datenhandschuh ausgestattet. Seine Kopfbewegungen und die Bewegungen seines Handrückens werden über Erfassungssysteme für Position und Orientierung in sechs Freiheitsgraden gemessen und ausgewertet. Darüber hinaus werden die Krümmungen seiner Finger über Glasfaser erfaßt und ebenfalls ausgewertet. Diese Informationen werden in Echtzeit in die graphische Simulation eingebunden und ermöglichen zwei Arten der direkten Interaktionen:

Zum einen werden die Kopfbewegungen direkt in entsprechende Einstellungen der simulierten Blickrichtung umgesetzt, die sich einerseits aus der virtuellen Position des Betrachters in der Computergraphik und andererseits aus der Richtung bzw. Orientierung zusammensetzt. Das HMD füllt sein Sichtfeld weitgehend aus und stellt die Computergraphiken farbig und stereoskop dar. So hat der Bediener den Eindruck, er befände sich in der Simulation und kann sich so die simulierten Objekte ansehen. Da er dazu die Blickrichtung direkt durch seine Kopfbewegungen vorgibt, ist die Darstellung intuitiv. Zusätzlich können mittels Stereokopfhörer räumlich verteilte Klänge erzeugt werden /47/.

Alternativ zum HMD kommt der BOOM (Binocular Omni Oriented Monitor) als kopfgeführtes Darstellungssystem zum Einsatz /44/. Die Darstellungseinheit besteht aus zwei Kathodenstrahlmonitoren, die aus Gewichtsgründen über eine Kinematik mit Gegengewichten bedient wird. Das Gerät wird mit beiden Händen vor dem Kopf geführt, die Kopfposition und -orientierung über die Winkelgeber der Kinematik bestimmt.

Zum anderen werden die Bewegungen des Handrückens und die Fingerkrümmungen direkt in eine graphische Repräsentation der Hand umgesetzt. Der Bediener sieht also ein graphisch simuliertes Abbild seiner Hand und kann dies zur weiteren Interaktion nutzen. Gesten seiner Hand werden über die Auswertung der Fingerkrümmungen erkannt und können in Aktionen umgesetzt werden.

Dies ermöglicht ihm zum Beispiel das Manipulieren von graphischen Objekten durch das Erkennen von Greifgesten und Umsetzen der Handbewegungen. Diese Interaktionsmöglichkeiten werden auch zur Änderung der Position des Bedieners in der Computersimulation verwendet. Zeigt der Bediener in eine von ihm gewünschte Richtung und krümmt den Daumen, so verändert er seinen Betrachterstandort in die entsprechende Richtung. Diese Art der Navigation kann auch mit einer 3D-Mouse erfolgen /48/, beschleunigt wird dann durch Tastendruck. Bild 6 zeigt das Prinzip einer solchen Simulation.

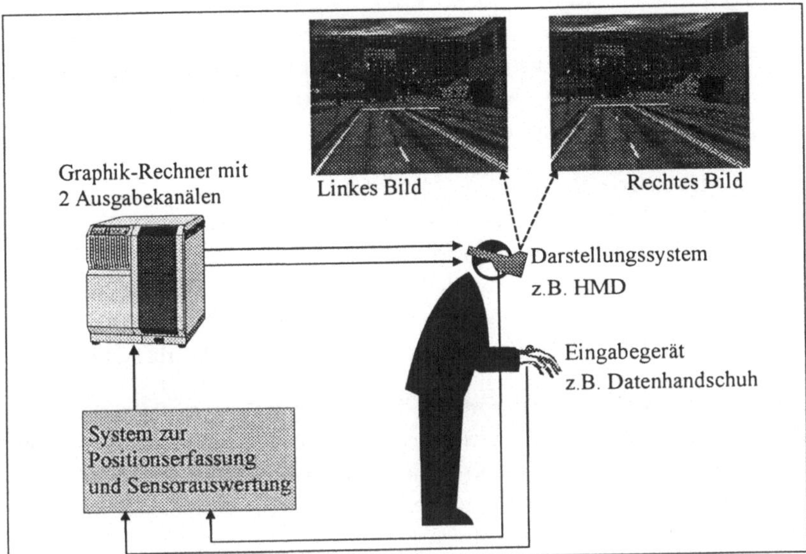

Bild 6: Prinzip der Simulationstechnik „Virtuelle Realität"

Neben dem Datenhandschuh haben sich eine Reihe weiterer Eingabegeräte die ebenfalls für dreidimensionale Objektmanipulation geeignet sind, auf dem Markt etabliert. Die dafür erforderliche kontinuierliche Erfassung der räumlichen Eingabebewegungen (Tracking), läßt sich in vier wesentliche, unterschiedliche Verfahren einordnen /49/:

- **Elektromagnetisch**
  Diese Tracking-Geräte bestehen aus einem Sender (Magnet-Quelle) und mehreren Empfängern. Durch Messung der induzierten Ströme in den Empfängern, hervorgerufen durch die Magnetquelle, lassen sich exakte Rückschlüsse über die räumlichen Anordnung der Empfänger zur Quelle ziehen. Die relative Position und Orientierung der einzelnen Empfänger wird dann über eine Steuereinheit berechnet.

- **Akustisch**
  Von der im Eingabegerät befindlichen Ultraschallquelle (Sender) wird die Laufzeit zu drei Empfängern gemessen. Beim Einsatz von drei Sendern lassen sich Position und Orientierung des Eingabegerätes berechnen.

- **Mechanisch**
  Tracking-Geräte mit mechanischer Bestimmung von Position und Orientie-

rung bestehen, ähnlich dem kinematischen Hilfsmittel zur prozeßnahen Roboterprogrammierung, aus einer Kinematik mit sechs FHG. Über die Winkelmeßsysteme kann die Position und Orientierung der Spitze des Eingabegerätes bestimmt werden.

- **Optisch**
  Optische Tracking-Systeme bestehen aus einer Kamera und Emittern. Die Emitter bestehen aus Leuchtdioden, die in einer Matrix angeordnet sind und in einem vorgegebenen Takt infrarotes Licht ausstrahlen. Mit Hilfe von Bildverarbeitungssystemen wird aus den Bildern der Kamera die relative Position und Orientierung der Kamera zur Emitter-Matrix bestimmt.

In der deutschsprachigen Literatur werden die Tracking-Systeme häufig Positionssensorik oder Positionserfassungssysteme genannt /48/. Diese Begriffe sollen beibehalten werden, es sei aber darauf hingewiesen, daß diese Systeme neben der Position auch die Orientierung erfassen. Bild 7 zeigt eine Übersicht der auf dem Markt verfügbaren Eingabegeräte zur graphischen Simulation.

	Merkmale:			
Eingabegerät:	Anzahl der räumlichen FHG	Davon gleichzeitig eingebbar	Tracking-Verfahren	Zusätzliche Eingabetasten
Tastatur	-	-	-	-
Maus	2	2	-	2 ... 3
Dialbox	6	1	-	0
3D-Sensorkugel	6	6	-	2 ... 10
Immersion Probe	6	6	Mechanisch	0
Phantom	6	6	Mechanisch	0
Datenhandschuh	6	6	Elektro-Magnetisch	0
Logitech-Mouse	6	6	Akustisch	3
Power-Glove	6	6	Akustisch	16
3D-Mouse	6	6	Elektro-Magnetisch	3

Bild 7: Übersicht der Eingabegeräte zur graphischen Simulation

Die zur Objektmanipulation erforderliche räumliche Tiefenwahrnehmung wird in vermehrten Maße durch stereoskope Darstellungsverfahren ermöglicht. Zwischenzeitlich haben sich dazu verschiedene stereoskope Ausgabegeräte, zu denen auch das HMD gehört, auf dem Markt etablieren können. Insgesamt lassen sich die marktgängigen Geräte in folgende Systeme einordnen:

- ❑ Bildschirme,
- ❑ Bildschirme mit Shutter-Brille,
- ❑ Großbildprojektion und
- ❑ kopfgebundene Darstellungssysteme.

Die kommerziell verfügbaren Ausgabegeräte zur graphischen Simulation sind in Bild 8 zusammengefaßt.

	Merkmale				
Ausgabegerät:	Farb-darstellung	Stereo-darstellung	Großbild-projektion	Stationär	Kopf-geführt
Monitor	●			●	
Monitor mit Shutter-Brille	●	●		●	
Video-Beamer	●	●	●	●	
Virtual Workbench	●	●	●	●	
Cave /50/	●	●	●	●	
HMD	●	●			●
BOOM	●	●			●
Private Eye					●

● = Merkmal vorhanden

Bild 8: Übersicht der marktgängigen Ausgabegeräte zur graphischen Simulation

2.3 Analyse der eingesetzten Geräte

Roboter lassen sich in ihren Bewegungen frei programmieren und können dreidimensionale Bewegungen ausführen. Die Endeffektoren von 6-achsigen Knickarmrobotern können im allgemeinen in sechs Freiheitsgraden bewegt werden. Demgegenüber stehen einerseits die Eingabemöglichkeiten der Bediengeräte, um diese Bewegungen zu erzeugen, und andererseits die Darstellungsmöglichkeiten der Ausgabegeräte, um diese Bewegungen in der Simulation darzustellen. Die verfügbaren Ein- und Ausgabegeräte werden im folgenden analysiert.

2.3.1 Eingabegeräte zur prozeßnahen Programmierung

Zur Analyse der Eingabegeräte werden folgende Eigenschaften untersucht, um deren Leistungsvermögen zu beurteilen.

Bei der prozeßnahen Programmierung haben die Eingabemöglichkeiten den größten Einfluß auf eine schnelle und komfortable Bahnprogrammierung des Roboters. Je direkter der Bediener die Roboterbahn in allen sechs Freiheitsgraden vorgeben kann, um so schneller ist deren Erzeugung. Im einfachsten Fall gibt der Bediener die Bahn durch direkte Bewegungsvorgabe der gewünschte Roboterbahn in allen sechs Freiheitsgraden vor. Wenn das Eingabegerät in seiner Bewegung mit der Position und Orientierung des Roboter-TCP korelliert, weiß der Programmierer immer, wie er sein Eingabegerät zu bewegen hat, um eine gewünschte Position und Orientierung mit dem Endeffektor zu erreichen. Ein Verwechseln von Bewegungsrichtungen ist so ausgeschlossen.

Lassen sich verschiedene Roboter mit dem gleichen Programmierhilfsmittel bedienen, muß der Bediener nicht den Umgang mit verschiedenen Geräten erlernen. Neben der Verringerung des Aufwandes zum Einlernen erhöht sich die Einsatzerfahrung bei Verwendung des gleichen Eingabegerätes. Von Vorteil sind daher Eingabegeräte, deren Ausführung von der Roboterbauart unabhängig ist.

Die Erzeugung komplexer Roboterbahnen erfordert es häufig, daß der Programmierer sich direkt zum Endeffektor begeben muß, um die erforderlichen Programmschritte zu erzeugen. Die Tragbarkeit (Portabilität) der Eingabegeräte ist aus diesem Grund ein wichtiger Bestandteil für die flexible Programmierung.

Der Vorteil von Industrierobotern liegt in der Einsatzflexibilität. Durch die Beschaffenheit der Eingabegeräte dürfen keine Anwendungsfälle ausgeschlossen werden. Optimal ausgenutzt werden die Einsatzmöglichkeiten, wenn das Eingabegerät sowohl eine Teach-in Programmierung als auch eine Play-back Programmierung ermöglicht. In Bild 9 werden die Eingabegeräte und Verfahren hinsichtlich der Möglichkeit der Bewegungsvorgabe, sowie ihrer Unabhängigkeit von der Roboterbauart und Portabilität untersucht.

	Merkmale			
Programmier-Verfahren	Direkte Vorgabe von Position und Orientierung des TCP	Unabhängigkeit von Roboter-Bauart	Teach-in und Play-back möglich	Portabilität
Direkte Führung	●		●	
Hilfsmittel-Führung: Kinematisches Modell	●		●	
Hilfsmittel-Führung: zB. Inertialmeßsystem	●	●	●	
Master-Slave-Führung: z. B. Kinematisches Modell	●		●	
Master-Slave-Führung: z.B. mit Joystick /22/		●	●	●
Programmierhandgerät /6/		●		●
Programmierhandgerät		●		●
Programmierhandgerät mit 3D-Sensorkugel		●		●

● = erfüllt

Bild 9: Analyse der prozeßnahen Programmierverfahren

Wie die Übersicht zeigt, lassen sich einzelne Anforderungen durch spezifische Eingabegeräte erfüllen, jedoch wird keines der aufgeführten Geräte allen Anforderungen gerecht.

2.3.2 Eingabegeräte zur graphischen Simulation

Die dreidimensionale Manipulation von graphischen Objekten ist eine wichtige Aufgabenstellung in der graphischen Robotersimulation /23/. Zur graphischen Bahnprogrammierung ist es erforderlich, Roboterbewegungen in allen sechs Freiheitsgraden zu erzeugen. Es ergibt sich dabei die Problematik, daß eine Vorgabe der Bahnpunkte in sechs Freiheitsgraden teilweise mit Eingabegeräten die weniger Freiheitsgrade aufweisen, realisiert werden muß. Da die gleiche Aufgabenstellung wie bei der prozeßnahen Programmierung besteht, lassen sich die Anforderungen zum Teil übernehmen und erweitern:

- ❑ Die Position und Orientierung des simulierten Roboter-TCP muß entsprechend der einfachsten Eingabemöglichkeit direkt in 6 Freiheitsgraden vorgebbar sein (Direkte Bewegungsvorgabe).
- ❑ Teach-in und Play-back Programmierung müssen möglich sein.
- ❑ Die Genauigkeit der Eingabegeräte darf die Eingabemöglichkeiten nicht einschränken (räumliche Auflösung kleiner 1 mm).
- ❑ Das Eingabegerät sollte für alle Roboterbauformen geeignet sein.

	Merkmale			
Eingabegerät	Direkte Bewegungs-Vorgabe	Genauigkeit der Eingabebewegungen	Tracking-Verfahren	Bei der Off-line Programmierung im Einsatz
Tastatur	❍	-	-	●
Maus	❍	●	-	●
Dialbox	❍	●	-	●
3D-Sensorkugel	❍	●	-	●
Immersion Probe	●	●	Mechanisch	❍
Phantom	●	●	Mechanisch	❍
Datenhandschuh	●	●	Elektro-Magnetisch	❍
Logitech-Mouse	●	❍	Akustisch	❍
Power-Glove	●	❍	Akustisch	❍
3D-Mouse	●	❍	Elektro-Magnetisch	❍

❍= nicht erfüllt ●= erfüllt - = nicht bewertbar

Bild 10: Analyse der Eingabegeräte zur Manipulation graphischer Objekte

Aus der Übersicht geht hervor, daß Datenhandschuh, Immersion Probe, Phantom und die 3D-Mouse alle Kriterien erfüllen.

Von denen in Kapitel 2.2.2 beschriebenen Eingabegeräten für die prozeßnahe Programmierung wird demnach nur die 3D-Sensorkugel auch für die prozeßferne Programmierung eingesetzt.

2.3.3 Ausgabegeräte zur graphischen Simulation

Die Ausgabegeräte zur graphischen Simulation haben die Aufgabe, die graphischen Informationen zu visualisieren. Dabei müssen sie verschiedenen Anforderungen gerecht werden. Besonders bei der interaktiven Manipulation von Objekten ist eine räumliche Darstellung notwendig /44/.

Lassen sich im einfachsten Fall verschiedene Blickrichtungen z. B. durch das gleichzeitige Darstellen von drei Teilansichten realisieren, bieten stereoskopische Darstellungen räumliche Tiefendarstellung mit einer Ansicht.

Im Idealfall bieten die Ausgabegeräte dem Programmierer eine Darstellung, wie es bei der prozeßnahen Programmierung der Fall ist:

- ❑ Die Roboterzelle ist räumlich und stereoskop dargestellt. Dadurch hat der Programmierer stets die Tiefeninformation zur Verfügung (z. B. wie weit die Programmierspitze vom Werkstück entfernt ist).
- ❑ Er kann während der Programmierung seine Sicht auf den Roboter frei bestimmen.
- ❑ Er kann gleichzeitig seine Blickrichtung korrigieren und Roboterbewegungen vorgeben.

Untersucht wird neben der Stereotauglichkeit auch die Möglichkeit, ein automatisches, intuitives Erfassen der Blickrichtung (Kopf-Tracking) vorzunehmen. Da beim Monitor, Video-Großprojektor (Video-Beamer) und Virtual Workbench die Blickrichtung des Betrachters feststeht, wird ein mögliches Kopf-Tracking nicht berücksichtigt.

Ausgabegerät	Merkmale		
	Stereo-Darstellung	Kopf-Tracking	Im Einsatz bei Off-line Programmierung
Monitor	❍	❍	●
Monitor mit Shutter-brille	●	❍	●
Video-Beamer	●	❍	❍
Virtual Workbench	●	❍	❍
Cave	●	●	❍
HMD	●	●	❍
Boom	●	●	❍
Private Eye	❍	❍	❍

● = erfüllt ❍ = nicht erfüllt

Bild 11: Analyse der Ausgabegeräte zur graphischen Simulation

3 Entwicklungsschwerpunkte und Anforderungen

3.1 Folgerungen aus der Analyse der Ausgangssituation

Ein Hemmnis für den wirtschaftlichen Einsatz von Industrierobotern ist das ungünstige zeitliche Verhältnis von Produktionszeit und Roboterprogrammierung. Die Bewegungsprogrammierung hat dabei den größten Anteil am Programmieraufwand /6/.

Den Bedarf an einer Vereinfachung der Programmierung haben die Roboterhersteller als kaufentscheidendes Kriterium erkannt /3/. Marktuntersuchungen belegen, daß die Robotersteuerung nach den leistungsbezogenen Eigenschaften des Roboters das wichtigste Kaufkriterium ist /51/.

Die Roboterhersteller haben darauf reagiert und bieten inzwischen für die prozeßnahe Roboterprogrammierung Programmierhandgeräte an, in die eine 3D-Sensorkugel integriert ist /52/. Gegenüber herkömmlichen PHG stellt dies einen Schritt in Richtung intuitive Programmierung dar. In der Anwendung dieser Eingabegeräte zeigt sich, daß der Bediener jedoch kaum in der Lage ist, alle sechs Freiheitsgrade gleichzeitig und präzise zu bedienen /6/.

Es steht damit kein Programmierhandgerät zur Verfügung, welches eine intuitive Bewegungsprogrammierung durch direkte Bewegungsvorgabe ermöglicht.

Ähnlich verhält es sich bei den prozeßfernen Programmiersystemen. Das graphische Teach-in konnte durch den Einsatz von 3D-Steuerkugel und die Darstellung von schattierten Oberflächenmodellen verbessert werden, aber auch bei diesen Systemen ist keine direkte Bewegungsvorgabe für die Programmierung möglich. Die in /29/ untersuchten Nutzungsfehler bei Off-line Programmiersystemen weisen einen Anteil von Erkennungs- und Bewegungsfehlern von über 30% an den gesamten Fehlerklassen aus. Die Ursachen werden auf die Gestaltung der Benutzeroberfläche und die mausorientierte Arbeitsweise zurückgeführt.

Zudem stellen die modernen Ein- und Ausgabegeräte und komplexen graphischen Modelle sehr hohe Anforderungen an die Leistungsfähigkeit der graphischen Simulation. Bei umfangreichen Simulationsmodellen steigt der Rechenaufwand für die graphische Wiedergabe an und führt zu einer Bildwiederholfrequenz, die häufig unter 5 Hz liegt. Wie in /53/ nachgewiesen wurde, nimmt die Bearbeitungszeit für eine graphische Objektmanipulation deutlich zu, wenn die Bildwiederholfrequenz unter 14 Hz liegt.

Eine intuitive Bahnprogrammierung durch direkte Bewegungsvorgabe ist bei den verfügbaren Off-line Programmiersystemen nicht möglich.

3.2 Allgemeine Anforderungen an die Bewegungsprogrammierung

Aus der Analyse und Bewertung der Ausgangssituation ergeben sich die Anforderungen an eine verbesserte Bewegungsprogrammierung:

- ❑ Die Roboterbewegungen müssen durch einfaches Übertragen von Handbewegungen erzeugt werden können. Der Bediener darf nicht mehr überlegen, welche Verfahrtasten er drücken muß, um die gewünschte Bewegung zu erzeugen, bzw. die gewünschte Bahnpunkte zu erreichen.

- ❑ Die direkte Bewegungsvorgabe muß auch in der Simulation möglich sein. Dazu muß eine geeignetes Verfahren zur graphischen Wiedergabe eingesetzt werden.

- ❑ Die verwendeten Eingabegeräte müssen für alle gängigen Bauformen von Industrierobotern geeignet sein, um einen erhöhten Lernaufwand für die Programmierer zu vermeiden.

- ❑ Der erforderliche Geräteaufwand darf den der herkömmlichen Systeme nicht deutlich überschreiten, da sonst ein späterer industrieller Einsatz unrealistisch wird.

- ❑ Der Umgang mit den Eingabegeräten muß leicht erlernbar und komfortabel sein, um einen hohen Lernaufwand zu vermeiden.

- ❑ Die Genauigkeit der Vorgabe von Position und Orientierung des TCP mit dem Eingabegerät muß genau so hoch sein, wie bei herkömmlichen PHG.

- ❑ Durch geeignete räumliche Darstellung der Simulation sollen die visuellen Verifikationsmöglichkeiten, z. B. von komplexen Bewegungsabläufen, verbessert werden.

Vorteilhaft wäre die Verwendung der gleichen Eingabegeräte bei der prozeßnahen und prozeßfernen Programmierung. Bild 12 zeigt das geforderte Programmierprinzip der direkten Bewegungsvorgabe.

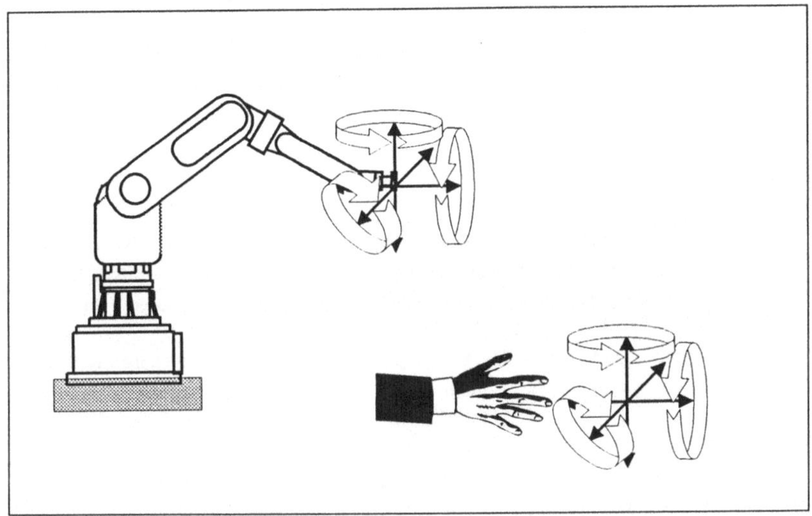

Bild 12: Programmierprinzip der Bewegungsvorgabe

3.3. Anforderungen an das prozeßnahe Programmiersystem

Für die Entwicklung eines prozeßnahen Programmiersystems ergeben sich aus der Analyse und den allgemeinen Anforderungen folgende konkrete Entwicklungsziele:

- Die verwendeten Eingabegeräte müssen echtzeitfähig sein, um Zeitverzögerungen bei der Eingabe, die zu mangelnder Rückkopplung zum Bediener führen können, zu vermeiden /54/, /55/.
- Der Funktionsumfang des Eingabegerätes darf nicht geringer sein als bei herkömmlichen PHG.
- Die Handhabung der Eingabegeräte darf nicht ermüdend sein. Sie sollten ein geringes Eigengewicht haben.
- Die Eingabegeräte müssen für unterschiedliche Bediener geeignet oder anpaßbar sein.

3.4. Anforderungen an das prozeßferne Programmiersystem

Aus der Analyse und den allgemeinen Anforderungen lassen sich folgende Anforderungen an ein prozeßfernes Programmiersystem zur Bahnerzeugung ableiten:

- Zur Eingabe von räumlichen Informationen muß eine Interaktion mit sechs Freiheitsgraden möglich sein. Es sind dabei Eingabegeräte zu verwenden, welche diese sechs Freiheitsgrade simultan durch Umsetzen von Handbewegungen bereitstellen. Dabei ist eine direkte Vorgabe von Position und Orientierung des Roboter-TCP zu realisieren.

- Die verwendeten Eingabegeräte müssen universell einsetzbar sein, d. h. sie müssen nicht nur zur Robotersteuerung, sondern auch für weitere Interaktion, wie z. B. das Aufrufen von Unterprogrammen, einsetzbar sein.

- Durch die Auswahl der Ein- und Ausgabegeräte muß sichergestellt sein, daß neben der Bahn- auch die Ablaufprogrammierung effizient erstellt werden kann.

- Die graphische Simulation sollte Bildwiederholfrequenz von mindesten 10-15 Hz ermöglichen, damit interaktive Eingaben ohne Rückkopplungsschwierigkeiten erfolgen können /56/, /53/.

- Voraussetzung zur räumlichen Wahrnehmung ist die stereoskopische Darstellung der Informationen.

- Die neuen Schnittstellen müssen eine komfortable Navigation in der Simulation ermöglichen. Der Bediener muß seinen Betrachterstandort und seine Blickrichtung in der Simulation frei wählen können.

- Insbesondere bei Detailansichten muß die Blickrichtung auf die Simulation ohne Hilfsmittel einstellbar sein. Damit der Bediener sich auf die Bewegungseingabe konzentrieren kann, darf ein Eingreifen des Bedieners mit zusätzlichen Hilfsmitteln nicht erforderlich sein.

- Das gleichzeitige Bedienen des Roboters und Einstellen von Betrachterposition und Blickrichtung muß möglich sein.

- Für die Benutzung der Bedienstation müssen sichere Bedienkonzepte entwickelt werden, da der Bediener z.B. bei der Verwendung von HMD seine Umgebung nicht sehen kann.

Aus der Forderung nach einer Echtzeitfähigkeit der graphischen Simulation ergeben sich folgende konkrete Entwicklungsziele für die Simulation:

- Die Verfahren zur graphischen Simulation müssen sicherstellen, daß auch komplexe geometrische Modelle nicht zu einer deutlich verminderten Bildwiederholfrequenz führen.
- Die Eingabesignale zur Navigation müssen so verarbeitet werden, daß durch ein Variieren der Bildwiederholgeschwindigkeiten keine Beeinträchtigung stattfindet.

4 Entwicklung der Bedienstation

Zunächst soll ausgehend von der Analyse des Standes der Technik eine Vorauswahl von Ein- und Ausgabegeräten vorgenommen werden, die prinzipiell zur prozeßnahen und prozeßfernen Programmierung geeignet sind. In einem weiteren Schritt wird der Befehls- und Funktionsumfang hergeleitet, der für die Bahnprogrammierung bei direkter Bewegungsvorgabe erforderlich ist. Dann werden verschiedene Bedienkonzepte hergeleitet, welche diesen Befehls- und Funktionsumfang realisieren können. Diese Konzepte werden hinsichtlich der in Kapitel 3 aufgestellten Anforderungen bewertet und das optimale Konzept ausgewählt.

4.1 Vorauswahl der Ein- und Ausgabegeräte

Ausgehend vom Stand der Technik und den erstellten Anforderungen an die Ein- und Ausgabegeräte werden zunächst Vorüberlegungen angestellt, die zur Vorauswahl der Komponenten führen sollen:

Zur direkten Bewegungseingabe sind aus dem Stand der Technik mehrere Eingabegeräte geeignet. Allen gemeinsam ist, daß sie Tracking-Verfahren verwenden. Da für die Ausgabegeräte stereoskope Darstellung gefordert ist und ein Vorgeben der Blickrichtung intuitiv eingestellt werden soll, ist ebenfalls Tracking erforderlich. Die Ausgabegeräte, die den Anforderungen an Stereodarstellung gerecht werden, aber Großbildprojektionen erfordern (CAVE, Virtual Workbench, Video-Beamer), werden wegen des hohen Geräteaufwandes nicht weiter berücksichtigt.

Tracking ist damit erforderlich für :

- ❑ Bewegungseingabe zur prozeßnahen Bahnprogrammierung
- ❑ Bewegungseingabe zur prozeßfernen Bahnprogrammierung
- ❑ Erfassen der Kopfbewegungen für die interaktive Darstellung

Für die Vorauswahl der Ein- und Ausgabegeräte ist daher zunächst das geeignete Trackingverfahren auszuwählen. Im Stand der Technik sind die Tracking-Verfahren erfaßt worden. Um den bisher aufgestellten Anforderungen gerecht zu werden, sind zur Beurteilung der Verfahren folgende Kriterien zu berücksichtigen:

- ❑ Um eine dem herkömmlichen PHG entsprechende Genauigkeit bei der Positionierung und Orientierung des TCP zu erreichen, muß das Tracking-verfahren die Eingabebewegungen mit der entsprechenden Genauigkeit erfassen können. Die Positioniergenauigkeit muß weniger als einen Millimeter betragen.

- Die Eingabe muß wie beim PHG räumlich uneingeschränkt erfolgen können, da der Bediener die Eingaben direkt an dem zu programmierenden Werkstück vornimmt. Durch das Trackingverfahren bei der prozeßnahen Programmierung darf deswegen keine reichweitenbedingte Einschränkung in der Bewegungsfreiheit bei der Eingabe auftreten.

- Die Meßrate zur Erfassung der Eingabebewegungen muß nach /53/, /55/ mindestens 10 Hz betragen, um für den Bediener echtzeitfähig zu wirken.

- Für die intuitive Eingabe ist eine uneingeschränkte Erfassung der Eingabebewegungen erforderlich, d.h. es muß ausgeschlossen sein, daß durch bestimmte Eingabepositionen und -orientierungen das Tracking nicht durchführbar ist (Verdeckung). Dies kann bei Tracking-Systemen auftreten, die eine Sichtverbindung zwischen Sender und Empfänger erfordern.

Die aufgestellten Kriterien sind auf das Tracking-Verfahren zur prozeßfernen Programmierung übertragbar, jedoch sind folgende Anforderungen reduzierbar:

Für den Einsatz eines Tracking-Verfahrens zur Erfassung der Kopfbewegungen bei der interaktiven Darstellung kann die Anforderung an die Genauigkeit reduziert werden, da die Steuerung des Sichtvektors nicht mit der gleichen Genauigkeit wie beim Roboter-TCP erfolgen muß.

Da für die Bahnvorgabe bei der prozeßfernen Programmierung lediglich ein geometrisch beliebig skalierbares Robotermodell bewegt wird und die Position des Bedieners einstellbar ist, sind keine großen Reichweiten bei der Eingabe nötig. Daher sind die Anforderungen an die Reichweite des Tracking-Systems für die prozeßferne Bewegungseingabe nicht so groß wie bei der prozeßnahen Programmierung.

In Bild 13 ist eine Bewertungsmatrix aufgestellt, in der die Trackingverfahren hinsichtlich der bisher aufgestellten Kriterien bewertet werden.

Verfahren	Kriterium: Genauigkeit	Verdeckung	Meßrate	Reichweite
Elektro-Magnetisch	●	●	●	●
Akustisch	◑	○	◑	◑
Mechanisch	●	●	●	○
Optisch	◑	○	◑	●

○= nicht geeignet, ◑= weniger geeignet, ●= geeignet

Bild 13: Bewertung der Tracking-Verfahren zur Bewegungsvorgabe

Wie die Übersicht zeigt, erfüllt das elektromagnetische Tracking-Verfahren alle Kriterien. Daraus lassen sich folgende Schlüsse ziehen:

- Zur prozeßnahen Programmierung wird von den diskutierten Tracking-Verfahren das elektromagnetische Tracking ausgewählt.
- Als Eingabegeräte für die prozeßnahe Programmierung kommen entsprechend Kapitel 2.3 der Datenhandschuh, die 3D-Mouse oder ein noch zu definierendes 3D-Eingabegerät mit elektromagnetischen Tracking-Verfahren in Frage.
- Diese Eingabegeräte sind auch für die prozeßferne Programmierung weiter zu betrachten. Zusätzlich kommen aufgrund der geringeren Anforderungen an die Eingabereichweite die Geräte Phantom und Immersion Probe in Betracht.
- Für das Erfassen der Kopfbewegung kommen mechanische und elektromagnetische Verfahren in Frage. Als Ausgabegerät kommen das HMD, BOOM und die Shutter-Brille in Verbindung mit Kopf-Tracking in Betracht.

In Bild 14 sind die bisher ausgewählten Ein- und Ausgabegeräte zusammengefaßt.

	Bahnprogrammierung	
Mensch-Maschine-Schnittstellen	Prozeßnah	Prozeßfern
Eingabegeräte	Datenhandschuh 3D-Mouse 3D-Eingabegerät	Datenhandschuh 3D-Mouse 3D-Eingabegerät Immersion Probe Phantom
Ausgabegeräte	-	Shutter-Brille HMD BOOM

Bild 14: Vorauswahl der Ein- und Ausgabegeräte zur Bahnprogrammierung

Wie aus der Übersicht hervorgeht, erfüllen drei Eingabegeräte bisher die Anforderungen an die prozeßferne und prozeßnahe Bahnprogrammierung. Damit ist das Wunschkriterium nach dem gleichen Eingabegerät für die prozeßnahe und -ferne Programmierung erfüllbar. Immersion Probe und Phantom werden daher nicht weiter berücksichtigt.

Weiterhin soll für die Shutterbrille bei Verwendung eines Monitors ein Kopf-Tracking im folgenden nicht mehr berücksichtigt werden: Auch wenn sich der Sichtvektor mittels Kopf-Tracking einstellen läßt, ist eine intuitive Darstellung nicht möglich, da der Bediener stets seinen Blick auf den Monitor richten muß. Die Eingabebewegungen sind daher sehr begrenzt.

4.2 Eingabekonzept zur Bahnprogrammierung durch Bewegungsvorgabe

4.2.1 Festlegung des Funktionsumfangs

Um den erforderlichen Funktionsumfang des Eingabegerätes zur Bahnprogrammierung zu erfassen, werden folgende Vorüberlegungen angestellt:

Da die Bewegungen des Roboters nicht durch Tastendruck erzeugt werden, sondern durch Bewegungsvorgabe, muß der Zeitraum bestimmt werden, während dessen die Werte des Positionserfassungs-Systems auf die Position und Orientierung des Roboter-TCP übertragen werden. Da diese Zeiträume nicht festgelegt sind, sondern frei vom

Bediener bestimmt werden, muß eine Zustimmungsschaltung des Bedieners durch das Eingabegerät erfolgen.

Weiterhin müssen die Auswahlmöglichkeiten der PHG zur Selektion der Koordinatensysteme, Achsen, Teach-Befehle, etc. auch vom Eingabegerät zur Verfügung gestellt werden, damit der gleiche Funktionsumfang wie bei einem marktgängigen PHG vorliegt. Für die geforderte Möglichkeit zur Play-back Programmierung müssen die üblichen Play-back Funktionen /57/ wie z. B. Aufnahmestart und -stop zur Verfügung stehen.

Betrachtet man den Datenhandschuh und das 3D-Eingabegerät bzw. die 3D-Mouse zur Bewegungsvorgabe, bestehen grundsätzlich folgende Möglichkeiten, diese Funktionen aufzurufen:

- Aufruf durch Tastendruck
- Aufruf durch Gestenerkennung mit dem Datenhandschuh

Im folgenden werden diese Möglichkeiten näher untersucht.

Aufruf der Funktionen durch Tastendruck:

Für den Aufruf der Funktionen soll zunächst die erforderliche Anzahl der Tasten untersucht werden. Dazu bestehen grundsätzlich zwei Möglichkeiten:

- Für jede Funktion steht eine Taste zur Verfügung
- Durch die Zusammenfassung von Funktionen in Gruppen lassen sich die Eingaben mit weniger Tasten realisieren.

Für die Möglichkeit der Zusammenfassung von Funktionen soll nun der Mindestumfang der Tasten ermittelt werden. Dazu werden die erforderlichen Auswahlaktivitäten des Bedieners untersucht. Unabhängig von der Anzahl der Gruppen und der Anzahl der Funktionen innerhalb einer Gruppe sind für den Funktionsaufruf folgende Aktionen des Bedieners notwendig:

- Auswahl der Funktion innerhalb einer Gruppe
- Bestätigung der Auswahl

Werden diese zwei Aktionen mit jeweils einer Taste durchgeführt, folgt daraus, daß der Funktionsumfang mit mindestens zwei Tasten abgedeckt werden kann. Dies ist der

Fall, wenn die Auswahl der Funktionen innerhalb einer Gruppe mittels „Durchschreiten" der Funktionen durch Tastendruck erfolgt und die Bestätigung einer Funktion durch Drücken der Zustimmungstaste geschieht. In Bild 15 ist beispielhaft eine Bedienerführung durch die Funktionalität mit der minimalen Anzahl von Eingabetasten dargestellt.

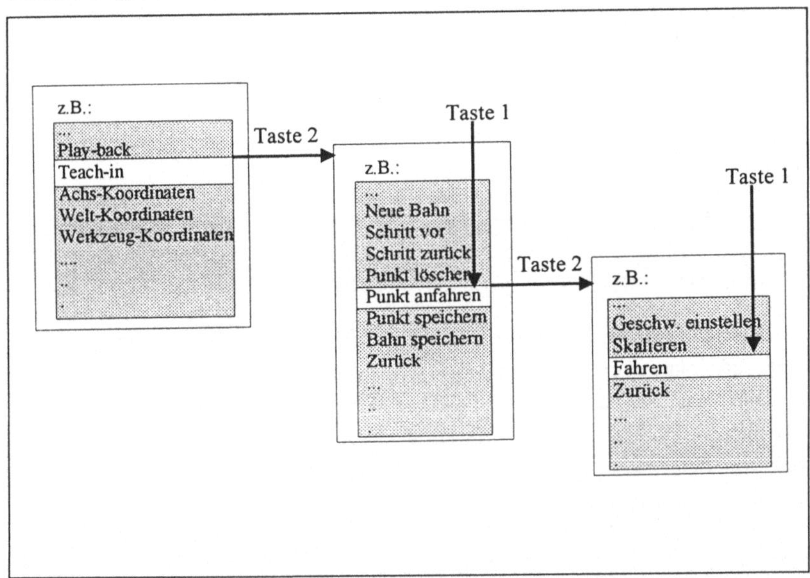

Bild 15: Funktionsaufruf zur Bahnprogrammierung bei minimaler Tastenanzahl

Aufruf der Funktionen durch Gestenerkennung mit dem Datenhandschuh:

Durch die Erfassung der Fingerkrümmungen lassen sich mit dem Datenhandschuh Gesten des Bedieners erkennen und als Eingabemöglichkeit nutzen /58/. Dadurch ist prinzipiell für die Bahnprogrammierung die Möglichkeit gegeben, durch die Erkennung von Gesten des Bedieners Funktionen aufzurufen und eine Zustimmungsschaltung für die Dauer der Bewegungseingabe zu setzen.

Demzufolge kann jeder Funktion oder Funktionsgruppe einer Geste zugeordnet werden und durch Tätigen der entsprechenden Geste aufgerufen werden. Im Gegensatz zum Funktionsaufruf durch Tasten, ist für den Aufruf von Funktionen durch Gesten ein Aufwand zum Erlernen der Bedeutung der Gesten erforderlich. Dabei besteht die Möglichkeit des Verwechselns von Gesten.

Die Zustimmungsschaltung zu Bewegungseingabe kann prinzipiell durch eine Geste erfolgen. Im Vergleich zur Zustimmungsschaltung durch Tastendruck ist der Bewegungsaufwand zur Unterbrechung der Zustimmung jedoch größer, da die Geste aufgelöst werden muß. Durch die damit verbundene Verzögerung bei der Bewegungsunterbrechung steigt das Risiko zur Beschädigung des Roboters. Weiterhin besteht die Möglichkeit, eine Geste unbeabsichtigt zu erzeugen.

Grundsätzlich ist es möglich, den Datenhandschuh mit einem weiteren Eingabegerät zu kombinieren, um die aufgeführten Nachteile zu umgehen. Die Zustimmungsschaltung kann dann wieder mit Tasten durchgeführt werden. Dabei sind folgende Varianten möglich:

- Der Bediener hält das Zusatzgerät in der Hand mit dem Datenhandschuh.
- Der Bediener hält das Zusatzgerät in der anderen Hand.

Bei der ersten Variante ist dann eine Gestenerkennung nicht mehr möglich, weil das Zusatzgerät festgehalten werden muß. Die Eingabemöglichkeiten des Datenhandschuhs sind dann nicht mehr nutzbar. Bei der zweiten Variante ist der Koordinierungsaufwand zur Bedienung höher als beim 3D-Eingabegerät. In Bild 16 wird eine zusammenfassende Bewertung von Datenhandschuh und 3D-Eingabegerät vorgenommen.

Eingabegerät / Eingabefunktion	Datenhandschuh		3D-Eingabegerät	
	Realisierungs -möglichkeit	Bewertung	Realisierungs-möglichkeit	Bewertung
Aufruf der Bewegungsfunktionen	Gesten-erkennung	◑	Eingabetasten	●
	Zusatzgerät mit Tasten	◑	-	-
Zustimmungs-schaltung zur Freigabe der Bewegungseingabe	Gesten-erkennung	○	Eingabetasten	●
	Zusatzgerät mit Tasten	◑	-	-

○= nicht geeignet, ◑= weniger geeignet, ●= geeignet

Bild 16: Bewertung der Eingabemöglichkeiten von Datenhandschuh und 3D-Eingabegerät

Aus der vorliegenden Bewertung lassen sich folgende Schlüsse ziehen:

- Der Datenhandschuh ist trotz seiner flexiblen Eingabemöglichkeiten durch Gestenerkennung nicht für die Bahnprogrammierung geeignet.
- Ein 3D-Eingabegerät, welches aus dem Empfänger eines elektromagnetischem Tracking-Systems und einer Anzahl integrierter Eingabetasten besteht, erfüllt alle bisher gestellten Anforderungen für die Bahnprogrammierung.

Im folgenden wird dieses 3D-Eingabegerät daher 3D-Programmiergerät genannt.

Bei einer minimierten Tastenanzahl für die Funktionsaufrufe erfüllt die 3D-Mouse die Anforderungen ebenfalls. Da die Art der Funktionsaufrufe nicht auf die minimale Eingabemöglichkeiten eingeschränkt sein soll, wird dieses Eingabegerät nicht weiter betrachtet.

4.2.2 Modifikation der Eingabebewegungen

Da der uneingeschränkte Funktionsumfang des PHG und dementsprechend die Möglichkeit zur Feinpositionierung durch das 3D-Programmiergerät erfüllt werden muß, werden folgende Vorüberlegungen angestellt:

Zur Erhöhung der Eingabegenauigkeit besteht bei den marktgängigen PHG die Möglichkeit, die voreingestellte Verfahrgeschwindigkeit zu reduzieren /59/. Durch die verlangsamten Bahnbewegungen des Roboters kann der TCP dann genauer vorgegeben werden. Da bei einer Bahnerzeugung durch direkte Bewegungsvorgabe die Positionierung nicht durch die Vorgabe der Bewegungsgeschwindigkeit entlang einer Koordinatenachse erfolgt, sondern durch Umsetzung der Eingabebewegungen, müssen zur Erhöhung der Eingabegenauigkeit die Eingabebewegungen modifiziert werden.

Grundsätzlich lassen sich die Eingabebewegungen auf zwei Arten modifizieren:

- Vergrößern/Verkleinern (Skalierung) der Eingabebewegungen.
- Sperren einzelner Freiheitsgrade der Eingabebewegungen.

Durch ein Skalieren der Eingabebewegungen läßt sich die Umsetzung der Bewegung in Roboterbahnen beeinflussen. Neben der Erhöhung der Eingabegenauigkeit durch Verkleinern der Eingabebewegungen, lassen sich im Umkehrschluß größere Eingabereichweiten durch Vergrößerung der Eingabebewegung erzielen.

Für das Sperren einzelner Freiheitsgrade der Eingabebewegungen bestehen folgende sinnvolle Möglichkeiten:

- ❑ Sperren aller translatorischen Eingaben
- ❑ Sperren aller rotatorischen Eingaben
- ❑ Sperren eines Teils der rotatorischen und translatorischen Eingaben.

Durch die beiden erstgenannten Möglichkeiten können Roboterbewegungen unter Beibehaltung der TCP-Orientierung durchgeführt werden oder feste Raumpunkte in verschiedenen TCP-Orientierungen erzeugt werden.

4.3 Bedienstation zur prozeßnahen Programmierung

Die Bedienstation für die prozeßnahe Programmierung ist demnach durch folgende Struktur gekennzeichnet:

- ❑ Der Bediener trägt das 3D-Programmiergerät frei in seiner Hand.
- ❑ In dem 3D-Programmiergerät befindet sich der Empfänger des Positionserfassungssystems. Weiterhin sind mindestens zwei weitere Eingabetasten integriert.
- ❑ In unmittelbarer Reichweite zum Bediener befindet sich der Sender des Positionserfassungssystems. Es ist frei plazierbar, der Standort muß jedoch die Bedingung erfüllen, daß der Bediener mit seinen Eingabebewegungen innerhalb der Reichweite des Senders bleibt.
- ❑ Durch Drücken der Funktionstasten werden die einzelnen Funktionen direkt aufgerufen, oder durch Auswahl aus den Funktionsgruppen mittels Bestätigung der Funktion.
- ❑ Durch Drücken der Zustimmungstaste des 3D-Programmiergerätes wird ausgehend von der aktuellen Ausgangsposition und -orientierung die Auslenkung des Gerätes auf den TCP des Roboters übertragen. Der Roboter bewegt sich simultan zu den Eingabebewegungen.
- ❑ Feinpositionierung und -orientierung ist durch Skalieren (Verkleinern) der Eingabebewegungen möglich.
- ❑ Teach-in als auch Play-back Programmierung sind durchführbar.

Bild 17 zeigt das Bedienprinzip des 3D-Programmiergerätes in Verbindung mit dem elektro-magnetischen Tracking-System

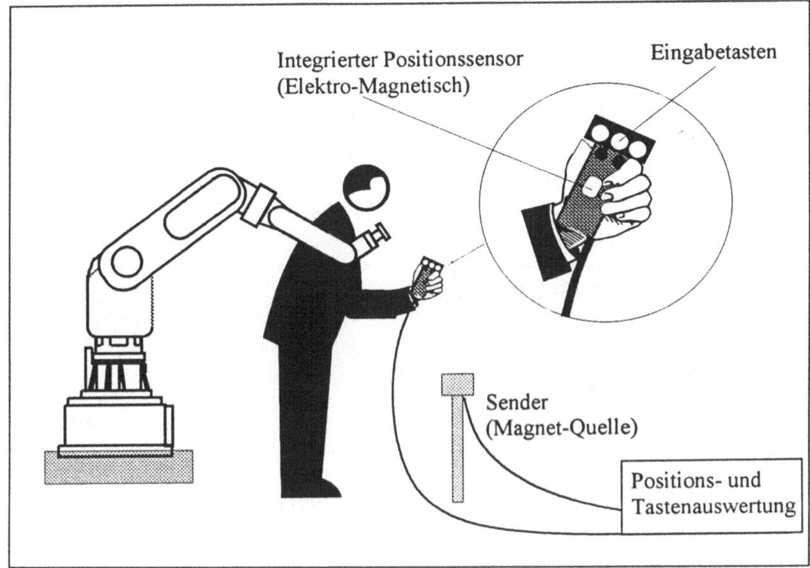

Bild 17: Bedienstation zur prozeßnahen Programmierung

4.4 Bedienstation für die prozeßferne Programmierung

4.4.1 Auswahl der Ein- und Ausgabegeräte

In den bisherigen Untersuchungen sind die Ein- und Ausgabegeräte im Hinblick auf die Bahnprogrammierung von Robotern betrachtet worden. Da die Bedienstation auch für die Ablaufprogrammierung und Einsatzplanung geeignet sein muß, sollen die im Stand der Technik aufgeführten, bisher bei der Off-line Programmierung verwendeten Ein- und Ausgabegeräte mitberücksichtigt werden. Dazu ist festzulegen, wie der gesamte Funktionsumfang der erforderlichen Eingaben abzudecken ist und wie die Ein- und Ausgabegeräte miteinander kombiniert werden können.

Für die endgültige Gestaltung des Eingabekonzeptes sind folgende Randbedingungen zu berücksichtigen:

- Die aus dem Stand der Technik bekannten Eingabegeräte zur Off-line Programmierung sind Maus, Tastatur, Dialbox und 3D-Sensorkugel.
- Zur Erstellung der Ablaufprogrammierung in diesen Systemen sind textuelle Eingaben und Menüaufrufe erforderlich.
- Zur Navigation werden in den marktgängigen Off-line Programmiersystemen Eingaben über die 3D-Sensorkugel vorgenommen.

In Bild 18 sind die in Frage kommenden Eingabegeräte aufgelistet und hinsichtlich ihrer Eignung für die geforderten Eingaben bewertet.

Eingabegerät	**Eingabeverfahren**			
	Textuelle Eingabe	Direkte Bahnvorgabe	Navigation	Menüaufrufe
Maus	○	○	◐	●
Tastatur	●	○	○	◐
Dialbox	○	○	◐	○
3D-Sensorkugel	○	○	●	○
3D-Programmiergerät	○	●	●	○

○= nicht geeignet, ◐= weniger geeignet, ●= geeignet

Bild 18: *Bewertung der Eingabegeräte hinsichtlich ihrer Eignung für die erforderlichen Eingabeverfahren.*

Aus der Bewertung lassen sich folgende Schlüsse ziehen:

- Das 3D-Programmiergerät zur Bewegungsprogrammierung kann den geforderten Funktionsumfang bei der Off-line Programmierung nicht abdekken
- Für die Erstellung der Ablaufprogrammierung ist zusätzlich die Tastatur und die Maus einzusetzen.

Da fünf verschiedenen Eingabegeräte verwendet werden können, ist zur Auswahl der Ausgabegeräte deren Kombinierbarkeit mit den Eingabegeräten zu untersuchen. Für die optimale Kombination sind folgende Randbedingungen zu berücksichtigen:

- Nicht alle Ausgabegeräte erlauben eine direkte Sicht auf die Eingabegeräte. Insbesondere bei der Benutzung von HMD und Boom hat der Bediener keine Sicht auf die Eingabegeräte. Eine sinnvolle Benutzung z. B. der Tastatur ist daher nicht mehr möglich.

- Sind für die Benutzung des Ausgabegerätes die Hände zur Führung erforderlich, sind die Nutzungsmöglichkeiten der Eingabegeräte eingeschränkt. Für die Benutzung des BOOM sind für dessen Führung zur Einstellung des Sichtvektors beide Hände erforderlich.

In Bild 19 sind die Kombinationsmöglichkeiten der bisher betrachteten Ein- und Ausgabegeräte bewertet.

Eingabegeräte:	Ausgabegeräte:			
	Bildschirm	Bildschirm und Shutterbrille	HMD	Boom
Maus	●	●	◑	○
Tastatur	●	●	○	○
Dialbox	●	●	◑	○
3D-Sensorkugel	●	●	●	○
3D-Programmiergerät	●	●	●	○

○= nicht geeignet, ◑= weniger geeignet, ●= geeignet

Bild 19: Kombinationsmöglichkeiten von Ein- und Ausgabegeräten.

Aus der Bewertung der Kombinationsmöglichkeiten lassen sich folgende Schlüsse ziehen:

- Das HMD ist als alleiniges Ausgabegerät für die Ablaufprogrammierung nicht geeignet, da die erforderliche Verwendung der Tastatur nicht möglich ist.

- Die Bedienstation zur prozeßfernen Programmierung muß neben dem HMD für die Bahnprogrammierung auch den Bildschirm für die Ablaufprogrammierung umfassen.

- Da für den BOOM beide Hände zur Bedienung erforderlich sind, kann bei dessen Benutzung eine gleichzeitige Vorgabe der Roboterbahnbewegungen nicht erfolgen.

- Die Dialbox kann in ihrer Funktionalität durch die 3D-Sensorkugel ersetzt werden.

4.4.2 Festlegung des Bedienkonzeptes

Durch die Festlegung auf das HMD als Ausgabegerät und dem 3D-Eingabegerät zur Bewegungsprogrammierung, ergeben sich folgende mögliche Varianten zur Bedienung:

- Der Bediener kann sitzen oder stehen /46/.

- Für die Navigation kann er das 3D-Programmiergerät verwenden, oder zusätzlich die 3D-Sensorkugel.

Für die endgültige Auswahl des Bedienkonzeptes sind folgende Randbedingungen zu berücksichtigen:

- Bei Verwendung der 3D-Sensorkugel zur Navigation, muß der Bediener, wenn er das HMD stehend trägt, das Gerät mit beiden Händen festhalten. Damit ist keine Hand mehr für die Bedienung des 3D-Eingabegerätes frei.

- Trägt der Bediener das HMD und steht, kann er seine Umgebung nicht mehr sehen. Nach einiger Zeit hat er keine Orientierung mehr über seine reale Position und der verbleibenden Reichweite der Verbindungskabel zum HMD. Ohne zusätzliche Aufsichtsperson ist ein Verletzungsrisiko gegeben /60/.

In Bild 20 sind die Varianten zusammengefaßt und bewertet.

Wie aus der Übersicht hervorgeht, stellt die Variante mit sitzendem Bediener, der mit der 3D-Sensorkugel navigiert und mit dem 3D-Eingabegerät die Bahnprogrammierung durchführt die optimale Variante dar.

Variante	Kriterium		
	Bewegungs-programmierung möglich	Gleichzeitiges Navigieren und Bewegungprogr. möglich	Sicherheit
Bediener sitzt und navigiert mit 3D-Sensorkugel	●	●	●
Bediener sitzt und navigiert mit 3D-Eingabegerät	●	❍	●
Bediener steht und navigiert mit 3D-Sensorkugel	❍	❍	❍
Bediener steht und navigiert mit 3D-Eingabegerät	●	❍	❍

❍= nicht geeignet, ●= geeignet

Bild 20: Bewertung der Varianten der Bedienstation

Unter Berücksichtigung der bisher hergeleiteten Teilergebnisse, läßt sich die Bedienstation zur prozeßfernen Programmierung und Einsatzplanung wie folgt charakterisieren:

- ❑ Der Bediener nimmt eine sitzende Position ein.
- ❑ Als Ausgabegeräte stehen ihm Monitor und HMD zur Verfügung.
- ❑ Die Eingabegeräte sind die Tastatur, Maus, 3D-Sensorkugel und das 3D-Programmiergerät.
- ❑ Für die Bahnprogrammierung verwendet der Bediener das HMD zur graphischen Darstellung, die 3D-Sensorkugel zur Navigation und das 3D-Programmiergerät zur Bewegungseingabe und zur Anwahl der Programmierfunktionen.
- ❑ Für die Erstellung der Ablaufprogrammierung verwendet der Bediener die Tastatur und die Maus, zur Darstellung den Monitor.
- ❑ Für die graphische Darstellung zur Einsatzplanung verwendet der Bediener das HMD und die 3D-Sensorkugel zur Navigation in der Simulation.

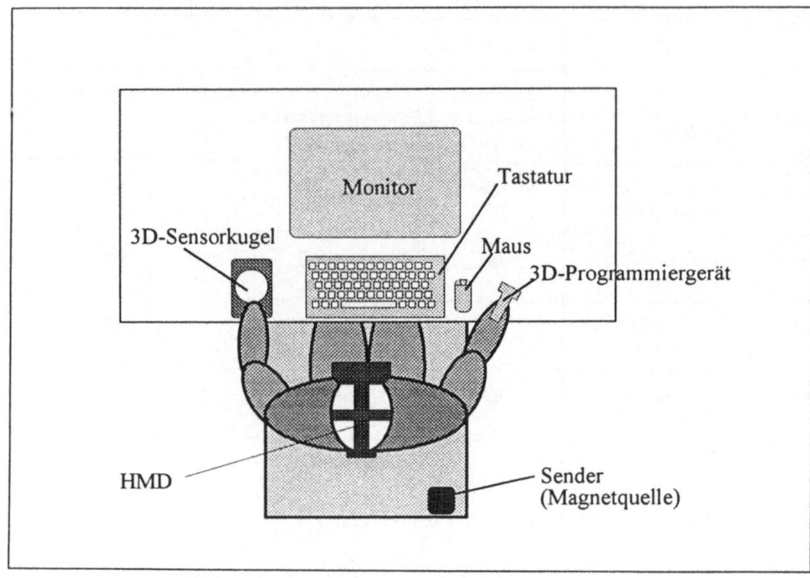

Bild 21: *Bedienstation zur prozeßfernen Programmierung*

5 Mathematische Herleitung der Bewegungs- und Steuerungsabläufe

Nachdem die Bedienkonzepte zur prozeßnahen und zur prozeßfernen Bahnprogrammierung erarbeitet wurden, ist deren Umsetzung durch die Herleitung geeigneter mathematischer Verfahren zu gewährleisten. Voraussetzung dafür ist die Darstellung von Roboterkomponenten und anderen starren Körpern im Raum durch Bezugskoordinaten. In der Robotertechnik werden dazu am häufigsten Darstellungen in homogenen Koordinatensystemen verwendet /27/. Im folgenden gelten die Regeln für Transformationsarithmetik bei der Darstellung in homogenen Koordinatensystemen. /57/

5.1 Verfahren zur prozeßnahen Bahnprogrammierung

Im folgenden wird das mathematische Verfahren zur prozeßnahen Bahnprogrammierung hergeleitet. Dieses Verfahren muß sicherstellen, das die Eingabebewegungen des Programmiergerätes durch herzuleitende Transformationsgleichungen auf den Roboter TCP in der Form übertragen werden, daß Eingabebewegungen und Roboter TCP-Bewegungen simultan und parallel verlaufen.

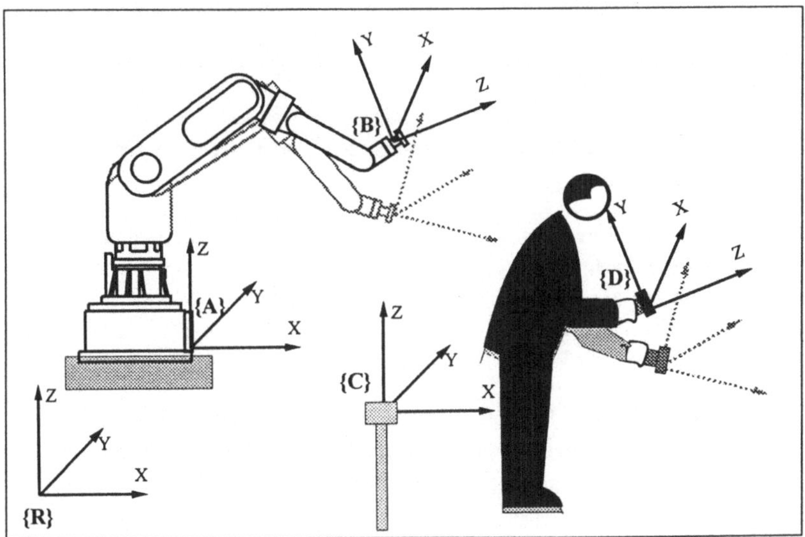

Bild 22: Prozeßnahe Programmierung durch Bewegungsvorgabe

Die Darstellung der starren Körper erfolgt in homogenen Koordinatensystemen, (Frames). Der Roboter wird dabei durch die Lage des Roboterweltkoordinatensystems Frame $\{A\}$ relativ zum Weltkoordinatenursprung $\{R\}$ und durch die Lage des TCP Frame $\{B\}$ dargestellt.

Die Orientierung von Frame $\{B\}$ zu Frame $\{A\}$ läßt sich erhalten durch Drehung von $\{B\}$ in Kardan-Winkeln um die x_A -Achse um α, Drehung von $\{B\}$ um die y_A -Achse um β und durch Drehung von $\{B\}$ um die z_A -Achse um γ.

Es ergibt sich die Rotationsmatrix aus

$$RPY(\alpha,\beta,\gamma) = Rot(x_A\gamma)Rot(y_A,\beta)Rot(x_A,\alpha) \qquad \text{Gl. (5.1)}$$

mit

$$RPY(\alpha,\beta,\gamma) = \begin{pmatrix} \cos\gamma\cos\beta & \cos\gamma\sin\beta\sin\alpha - \sin\gamma\cos\alpha & \cos\alpha\sin\beta\cos\gamma + \sin\alpha\sin\gamma \\ \sin\gamma\cos\beta & \sin\gamma\sin\beta\sin\alpha + \cos\alpha\cos\gamma & \sin\gamma\sin\beta\cos\alpha - \cos\gamma\sin\alpha \\ -\sin\beta & \cos\beta\sin\alpha & \cos\beta\cos a \end{pmatrix}$$

zu:

$$^A_BR = RPY(\alpha,\beta,\gamma) \qquad \text{Gl. (5.2)}$$

Die Ermittlung der resultierenden Achswinkel des Roboters erfolgt durch die Berechnung der inversen Kinematik nach /57/.

Weiterhin seien zur Herleitung des Verfahrens zur prozeßnahen Bewegungsvorgabe folgende Voraussetzungen gegeben:

- Ein stationäres Positionserfassungssystem mit Referenzkoordinatensystem ist bezüglich eines Weltreferenzkoordinatensystems $\{R\}$ mit Hilfe des Frames $\{C\}$ beschrieben durch die Transformation

$$\{C\} = \{R\}\cdot{}^R_CT \text{, mit } {}^R_CT = const$$

- Die Lage eines Positionssensors wird in den translatorischen und rotatorischen Freiheitsgraden bezüglich des Referenzkoordinatensystems $\{C\}$ erfaßt und als Frame $\{D\}$ dargestellt mit:

$$\{D\} = \{C\}\cdot{}^C_DT \qquad \text{Gl. (5.3)}$$

- Die Lage des Sensors des Eingabegerätes in Bezug auf $\{C\}$ zum Zeitpunkt t_0 ist durch die Transformation ${}^{C}_{D0}T$ in den Frame $\{D_0\}$, und zum Zeitpunkt t_1 durch die Transformation ${}^{C}_{D1}T$ in den Frame $\{D_1\}$ beschrieben.
- Ein Roboterweltkoordinatensystem ist bezüglich $\{R\}$ durch das Frame $\{A\}$ mittels Transformation ${}^{R}_{A}T$ beschrieben.
- Das Koordinatensystem des Roboter-TCP in Bezug auf das Roboterweltkoordinatensystem ist durch das Frame $\{B_0\}$ zum Zeitpunkt t_0 und durch das Frame $\{B_1\}$ zum Zeitpunkt t_1 beschrieben.

Bild 23 zeigt die Koordinatensysteme im Überblick.

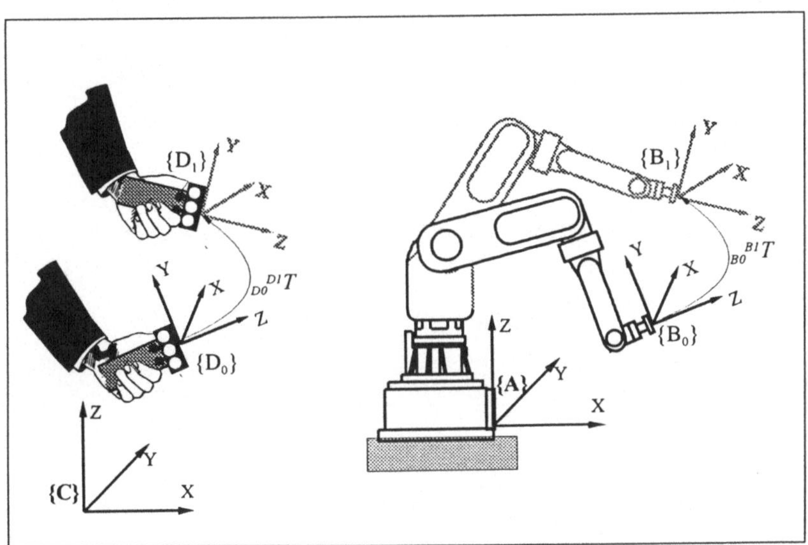

Bild 23: Koordinatensysteme bei der prozeßnahen Programmierung

Damit die Bewegung des Roboter TCP parallel zur Bewegung des Sensors verläuft, muß $\{B_1\}$ durch die gleiche Transformation erhalten werden wie $\{D_1\}$:

$$ {}^{D0}_{D1}T = {}^{B0}_{B1}T \qquad \text{Gl. (5.4)} $$

Nach den Regeln der Transformationsarithmetik gilt:

$$ \{D_1\} = \{D_0\} \cdot {}^{D0}_{D1}T \qquad \text{Gl. (5.5)} $$

$$\{B_1\} = \{B_0\} \cdot {}^{B0}_{B1}T \qquad \text{Gl. (5.6)}$$

Sind $\{D_1\}$,$\{D_0\}$ und $\{B_0\}$ bekannt, so lassen sich ${}^{D0}_{D1}T$ und $\{B_1\}$ berechnen zu

$${}^{D0}_{D1}T = {}^{C}_{D0}T^{-1} \cdot {}^{C}_{D1}T \qquad \text{Gl. (5.7)}$$

Aus Gl. (5.4) folgt:

$$\{B_1\} = \{A\} \cdot {}^{A}_{B1}T = \{A\} \cdot {}^{A}_{B0}T \cdot {}^{C}_{D0}T^{-1} \cdot {}^{C}_{D1}T \qquad \text{Gl. (5.8)}$$

Wird die Position und Orientierung des Sensors, bzgl. $\{C\}$ kontinuierlich erfaßt und die Matrix $\{D\}$ kontinuierlich berechnet, so läßt sich das aktuelle Frame $\{B\}$ des Roboter TCP bestimmen.

Sind zu einem beliebigen Zeitpunkt t_{n-1} die Frames $\{B\}$, $\{D\}$ durch die Werte $\{B_{n-1}\}$, $\{D_{n-1}\}$ bestimmt, und zum Zeitpunkt t_n ist $\{D_n\}$ bekannt, dann läßt sich $\{B_n\}$, grundsätzlich nach zwei Verfahren bestimmen.

Verfahren 1:

Zu einem beliebigen Zeitpunkt t_n liefert das Positionserfassungssystem $\{D_n\}$. ${}^{Dn-1}_{Dn}T$ wird bestimmt aus:

$$\{D_n\} = \{D_{n-1}\} \cdot {}^{Dn-1}_{Dn}T$$

zu:

$${}^{Dn-1}_{Dn}T = {}^{C}_{Dn-1}T^{-1} \cdot {}^{C}_{Dn}T$$

Die neue Sollposition und -orientierung des Roboter-TCP erhält man sofort aus:

$$\{B_n\} = \{B_{n-1}\} \cdot {}^{Dn-1}_{Dn}T$$

Verfahren 2:

Zum Startzeitpunkt t=0 wird die Position und Orientierung von $\{D_0\}$ relativ zu $\{C\}$ und die TCP-Position $\{B_0\}$ relativ zu $\{A\}$ erfaßt.

Zu einem beliebigen Zeitpunkt t=n wird ${}^{D0}_{Dn}T$ analog zu Gl. berechnet zu

$${}^{D0}_{Dn}T = {}^{C}_{D0}T^{-1} \cdot {}^{C}_{Dn}T$$

und damit wird entsprechend Gl. (5.8):

$$\{B_n\} = \{A\}\ {}^{A}_{B0}T \cdot {}^{C}_{D0}T^{-1} \cdot {}^{C}_{Dn}T$$

In beiden Verfahren ist die räumliche Bahnpunktvorgabe des Roboter TCP in Bezug auf das Roboterweltkoordinatensystem bestimmt.

Verfahren 1 sollte angewendet werden, wenn das Positionserfassungssystem die inkrementelle Änderungen von Position und Orientierung des Sensors genau erfaßt und keine Absolutwerte vorliegen. Die inkrementellen Fehler summieren sich dabei auf und führen zu einer Divergenz zwischen den Eingabebewegungen und den Roboterbewegungen.

Das Verfahren 2 läßt sich anwenden, wenn die absolute Position und Orientierung von $\{D\}$ in Bezug auf $\{C\}$ erfaßt und ermittelt wird. Die absolute Meßungenauigkeit des ersten Meßwertes wird dabei eliminiert. Es kommen nur die Meßungenauigkeiten von $\{D_n\}$ relativ zu $\{D_0\}$ zum Tragen.

Für beide Verfahren werden die Relativbewegungen des Eingabegerätes relativ auf den TCP übertragen, daß heißt, der Standort des Roboters und der Standort des Positionserfassungssystems spielen keine Rolle. Da aber Frame $\{B\}$ mit der gleichen Transformation wie $\{D\}$ bewegt wird, ist es für ein paralleles Bewegen von $\{B\}$ und $\{D\}$ erforderlich, daß $\{D\}$ zu Beginn der Bewegung die gleiche Ausrichtung hat wie $\{B\}$. Daher ist es empfehlenswert, daß der Bediener sein Eingabegerät zu Beginn einer jeden Bewegung auf den TCP ausrichtet. So läßt sich ein paralleles Bewegen des TCP zum Eingabegerät erreichen.

5.2 Verfahren zur Steuerung des Sichtvektors in der Simulation

Der Sichtvektor in der Simulation repräsentiert den Betrachterstandort und die Blickrichtung des virtuellen Betrachters. Dieser Sichtvektor setzt sich aus translatorischen und rotatorischen Komponenten zusammen. Die räumliche Position und Orientierung des Sichtvektors in der Simulation wird dabei durch zwei Eingabevorgänge beeinflußt:

- Eingaben durch die 3D-Sensorkugel und
- Eingaben durch die Kopfbewegungen des Betrachters.

Durch die Eingabe der Kopfposition und -orientierung wird die aktuelle Blickrichtung eingestellt Veränderungen entsprechend der Kopfbewegung des Bedieners vorgenommen. Zusätzlich kann der Bediener seine Position und Orientierung durch Eingabe mit der 3D-Sensorkugel verändern, als würde er ein virtuelles Fahrzeug steuern, welches ihn transportiert. Bild 24 zeigt die möglichen Bewegungen des Bedienerstandortes innerhalb der Simulation.

Die 3D-Sensorkugel liefert über Kraft-/Momentensensoren Werte, die in einen Sensorvektor repräsentiert werden können. In diesem Vektor sind inkrementelle Weg- und Orientierungsänderungen enthalten. Durch Verwendung dieser Werte in einem Frame erhält man eine Manipulationstransformation T_δ, welche inkrementelle Änderungen aus der Nullage angibt. Betrachtet man eine zeitliche Abfolge dieser inkrementellen Transformationen, so ergibt sich die Gesamttransformation zu:

$$T_M(tn) = \prod_{i=n}^{1} T_\delta(ti)$$

Für die allgemeine Herleitung des Verfahrens zur Berechnung des Sichtvektors in sechs Freiheitsgraden seien folgende Voraussetzungen gegeben:

- Ein Positionserfassungssystem mit einem Referenzkoordinatensystem ist bezüglich eines Weltreferenzkoordinatensystems $\{S\}$ mit Hilfe des Frames $\{G\}$ beschrieben.
- Es sei gleichzeitig auch das Referenzkoordinatensystem des simulierten Betrachtersitzes mit $\{G\}$ identisch.
- Die Position und Orientierung eines Sensors zur Erfassung der Kopfbewegung (Sichtvektor) wird in den translatorischen und rotatorischen Freiheitsgraden durch das Frame $\{H\}$ dargestellt. $\{H\}$ erhält man durch die Transformation des Referenzkoordinatensystems $\{G\}$ mit ${}^{G}_{H}T$.
- Die Sensorposition und -orientierung $\{H\}$ in Bezug auf $\{G\}$ zum Zeitpunkt t_n ist durch den Frame $\{H_n\}$ und $\{G_n\}$ beschrieben.
- Eine 3D-Sensorkugel liefert eine Manipulationstransformation T_δ, welche inkrementelle Änderungen aus der Nullage angibt. Diese wird auf $\{G\}$ angewandt, um so das „virtuelle Fahrzeug" zu bewegen.

Damit die Steuerung des Sichtvektors wie beschrieben erfolgen kann, sind folgende Schritte herzuleiten.:

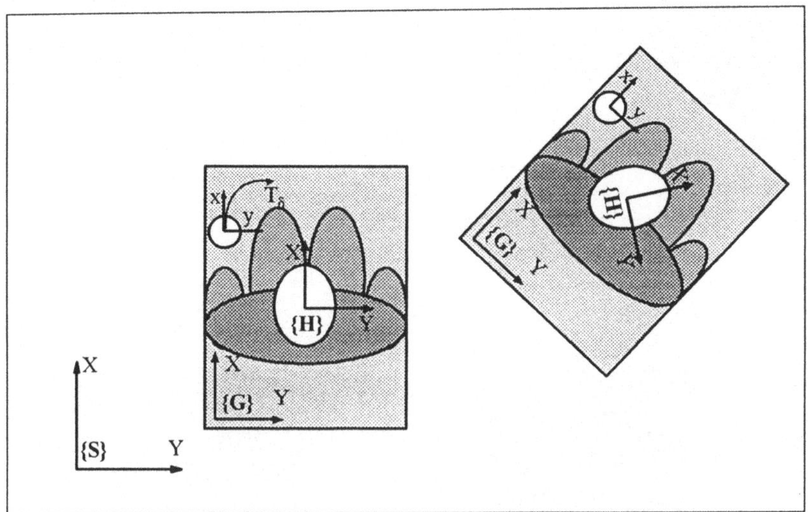

Bild 24: Steuerung des Sichtvektors in der Simulation

$\{G\}$ und $\{H\}$ beschreiben die aktuelle Position und Orientierung des Sichtvektors und des „virtuellen Fahrzeugs". Wird die Position und Orientierung des Kopfes durch eine Bewegung, die durch die Transformation ${}^{G}_{H'}T$ beschrieben ist, verändert, so nimmt $\{H\}$ den Zwischenwert $\{H'\}$ an.

Die vorläufige Kopfposition und -orientierung bezogen auf $\{S\}$ berechnet man damit zu:

$$\{H'\} = \{S\} \cdot {}^{S}_{G}T \cdot {}^{G}_{H'}T$$

Da gefordert ist, den Sichtvektor zusätzlich mit der 3D-Sensorkugel verändern zu können, müssen nun die translatorischen und rotatorischen Eingabekomponenten auf $\{G\}$ bzw. auf $\{H'\}$ angewendet werden.

Die rotatorischen Anteile $T_{\delta_{rot}}$ von T_δ müssen auf den Kopf, bzw. $\{H'\}$ angewendet werden. (Bei Anwendung auf $\{G\}$ würde für den Bediener sonst ein unerwünschter „Karoussel-Effekt" auftreten). Man erhält:

$$\{H''\} = \{H'\} \cdot T_{\delta_{rot}}$$

Dies hat zur Folge, daß $\{G\}$ nicht mehr durch Transformation mit ${}^{G}_{H'}T$ in $\{H''\}$ überführt werden kann. Da der Bediener aber seine Kopfposition und -orientierung bezüglich $\{G\}$ nicht durch Kopfbewegung verändert hat, muß $\{G\}$ neu zu $\{G'\}$ berechnet werden, damit weiterhin gilt:

$$\{G'\}\ {}^{G}_{H'}T = \{H''\}$$

Daraus folgt: $$\{G'\} = \{H''\} \cdot {}^{G}_{H'}T^{-1}$$

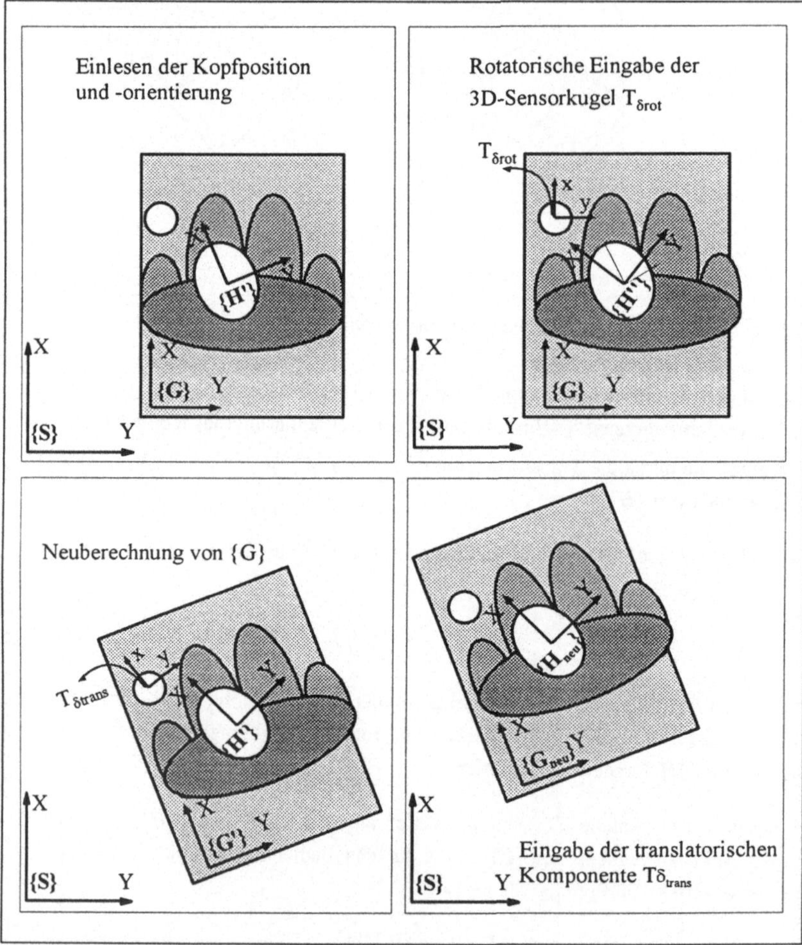

Bild 25: Steuerung des Sichtvektors bei rotatorischen Eingaben

Die entgültigen Werte von $\{G\}$ und $\{H\}$ erhält man durch Transformation von $\{G'\}$ und $\{H''\}$ mit dem translatorischen Anteil $T\delta_{trans}$ von $T\delta$ zu:

$$\{H_{neu}\} = \{H'\} \cdot T\delta_{rot} \cdot T\delta_{trans}$$

$$\{G_{neu}\} = \{H'\} \cdot T\delta_{rot} \cdot {}^{G}_{H'}T^{-1} \cdot T\delta_{trans} \qquad \text{Gl. (5.9)}$$

Bild 25 zeigt den gesamten Ablauf im Überblick.

5.3 Verfahren zur direkten Bewegungsvorgabe eines Roboters in der Simulation

Die Bahnprogrammierung des Roboters durch direkte Bewegungsvorgabe soll in der Simulation erfolgen. Für die Bewegungsvorgabe werden reale Eingabebewegungen des Bedieners mit einem Positionserfassungssystem sensorisch erfaßt und die Sensorwerte für die Eingabe in der Simulation verwendet.

Der Roboter wird ist durch die Lage des Roboterweltkoordinatensystems Frame $\{K\}$ relativ zum Weltkoordinatenursprung $\{S\}$ und durch die Lage des TCP Frame $\{L\}$ dargestellt. Weiterhin seien zur Herleitung des Verfahrens zur prozeßfernen Bewegungsvorgabe folgende Voraussetzungen gegeben:

- Ein Positionserfassungssystem mit dem Referenzkoordinatensystem ist bezüglich eines Referenzkoordinatensystem $\{S\}$ mit Hilfe des Frames $\{G\}$ beschrieben durch die Transformation:

  $$\{G\} = \{S\} \cdot {}^{G}_{S}T$$

  Dabei wird $\{G\}$ vorgegeben durch die Eingaben aus Gl. (5.9).

- Die Lage eines Positionssensors wird in den translatorischen und rotatorischen Freiheitsgraden bezüglich des Referenzkoordinatensystems $\{G\}$ erfaßt und als Frame $\{J\}$ dargestellt. Die Sensordaten stammen aus der realen Welt und werden durch ${}^{C}_{D}T$ aus Gl. (5.3) auf $\{G\}$ angewendet:

  $$\{J\} = \{G\} \cdot {}^{C}_{D}T$$

- Die Lage des simulierten Eingabegerätes in Bezug auf $\{G\}$ zum Zeitpunkt t_0 ist durch die Transformation ${}^{G}_{J0}T$ in den Frame $\{J_0\}$ und zum Zeitpunkt t_1 durch die Transformation ${}^{G}_{J1}T$ in den Frame $\{J_1\}$ beschrieben.

- Der TCP des Roboters ist bezüglich des Roboterreferenzkoordinatensystems $\{K\}$ durch das Frame $\{L\}$ mittels Transformation ${}^{K}_{L}T$ beschrieben.

- Das Koordinatensystem des Roboter-TCP in Bezug auf das Roboterweltkoordinatensystem ist durch das Frame $\{L_0\}$ zum Zeitpunkt t_0 und durch das Frame $\{L_1\}$ zum Zeitpunkt t_1 beschrieben.

Damit die Bewegung des Roboter TCP parallel zur Bewegung des virtuellen Eingabegerätes verläuft, muß $\{L_1\}$ durch die gleiche Transformation erhalten werden wie $\{J_1\}$:

$$ {}^{Jo}_{J1}T = {}^{L0}_{L1}T \qquad \text{Gl. (5.10)} $$

Da $\{ J_0 \}$, $\{ J_1\}$ und $\{L_0\}$ bekannt sind, lassen sich ${}^{Jo}_{J1}T$ und $\{L_1\}$ analog zu Gl. (5.8) berechnen zu:

$$ {}^{Jo}_{J1}T = {}^{G0}_{J0}T^{-1} \cdot {}^{G0}_{J1}T $$

und

$$ \{L_1\} = \{K\} \; {}^{Jo}_{J1}T = {}^{G0}_{J0}T^{-1} \cdot {}^{G0}_{J1}T \qquad \text{Gl. (5.11)} $$

Wird die Position und Orientierung des Sensors bzgl. $\{G\}$ kontinuierlich erfaßt und die Matrix $\{J\}$ kontinuierlich berechnet, so läßt sich das aktuelle Frame $\{L\}$ des Roboter-TCP bestimmen.

Dadurch wird erreicht, daß die Relativbewegungen des simulierten Eingabegerätes auf den TCP des simulierten Roboters übertragen werden. Analog zum prozeßnahen Verfahren in Kapitel 5.1, ist es für ein paralleles Bewegen von $\{L\}$ und $\{J\}$ erforderlich, daß $\{J\}$ zu Beginn der Bewegung die gleiche Ausrichtung hat wie $\{L\}$, da Frame $\{L\}$ mit der gleichen Transformation wie $\{J\}$ bewegt wird.

Aus diesem Grund sollte sichergestellt sein, daß der Bediener sein virtuelles Eingabegerät zu Beginn einer jeden Bewegung auf den TCP ausrichtet. So läßt sich ein paralleles Bewegen des simulierten Roboter-TCP zum simulierten Eingabegerät erreichen.

Bild 26 zeigt die Abläufe für die Bewegungsvorgabe der Roboterbahn.

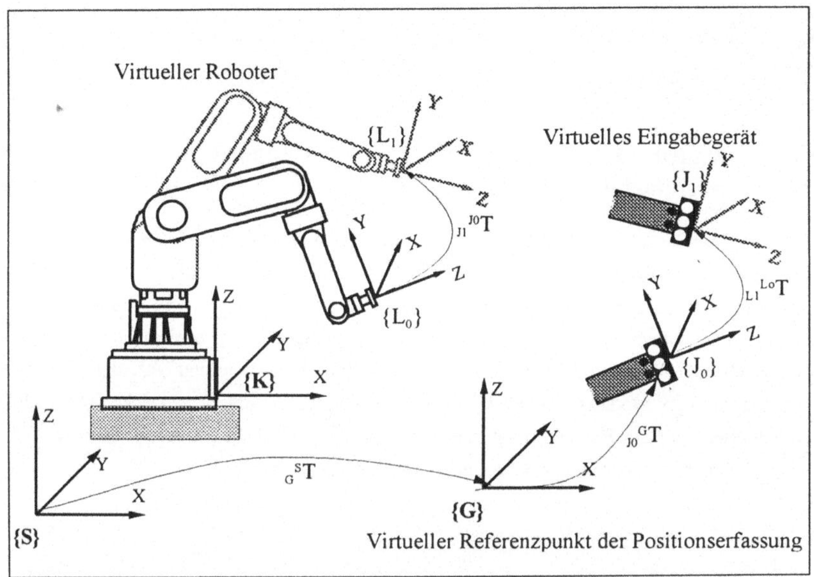

Bild 26: Vorgabe der Robotersollbahn in der Simulation

6 Entwicklung des graphischen Simulationssystems

6.1 Schnelles Darstellungsverfahren durch Modellvereinfachung

Für eine realitätsnahe Darstellung in der Robotersimulation erreichen die darzustellenden Modelle der Roboterzelle sehr schnell eine hohe Komplexität /28/. Dies wirkt sich in langen Rechenzeiten für die graphische Darstellung aus. Aus diesem Grund wird in der Simulationstechnik das Verfahren der Detaillierungsgrade (Level-of-Detail, LoD) eingesetzt /61/. Das LoD-Verfahren beruht auf dem Prinzip, einen Teil der Objekte des graphischen Modells entweder nur in einer vereinfachten Form oder gar nicht darzustellen, um die Rechenoperationen zu reduzieren. In Bild 27 ist ein Beispiel für unterschiedliche Darstellungsformen eines Modells gegeben.

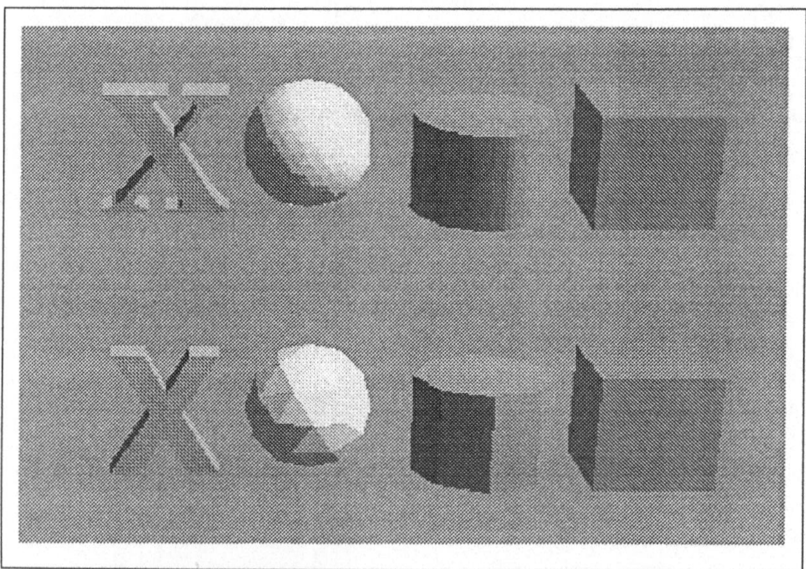

Bild 27: Unterschiedliche Detaillierungsgrade bei der Darstellung graphischer Objekte

Die Entscheidung, wie ein Objekt dargestellt wird, ist in den meisten angewandten Verfahren von der Entfernung zum Betrachter und von der Auslastung des Graphikrechnersystems abhängig /62/, /63/. Die Programmkomponenten zur graphischen

Darstellung (Renderer) zeichnen die Objekte dann in den unterschiedlichen Detaillierungsgraden.

Im folgenden wird ein LoD-Verfahren im Hinblick auf die Anforderungen der Off-line Programmierung und der Einsatzplanung entwickelt. Schwerpunkt der Vorgehensweise ist das Ableiten von Kriterien zur selektiven Entscheidung über die Objektdarstellung entsprechend den Anforderungen von Benutzern von Robotersimulationssystemen. In /64/, /65/ wird ein Verfahren vorgestellt, welches folgende Kriterien berücksichtigt:

- Entfernung des Objektes zum Betrachterstandpunkt:
  Objekte, die von der Betrachterposition weiter entfernt sind, können im Gegensatz zu Objekten, die nahe zur Betrachterposition sind, vereinfacht dargestellt werden.

- Größe des Objektes:
  Kleine Objekte können, eher als größere, vereinfacht dargestellt werden, ohne daß der Betrachter einen Darstellungsverlust bemerkt. Dies läßt sich mit dem Kriterium „Entfernung" kombinieren, indem die Größe des Objektes im Verhältnis zur Entfernung zum Betrachterstandort bestimmt wird.

- Entfernung des Objektes vom Bildrand:
  Befinden sich Objekte am Bildrand, so sind sie im Verhältnis zu Objekten in der Bildmitte eher zu vereinfachen, weil der Betrachter den Objekten in der Bildmitte mehr Aufmerksamkeit widmet. Andernfalls wird er seinen Blickwinkel ändern und die betreffenden Objekte befinden sich wieder in der Bildmitte.

- Geschwindigkeit des Sichtvektors des Betrachters:
  Wenn der Betrachter seine Blickrichtung oder seine Position im Raum ändert, kann er nicht alle Objekte detailliert wahrnehmen. Eine Vereinfachung der Darstellung wird dann weniger beachtet.

- Geschwindigkeit des Objektes:
  Schnell bewegte Objekte sind im Detail weniger gut zu betrachten. Sie können daher vereinfacht dargestellt werden.

- Komplexität des Objektes:
  Bei gleicher Größe sind Objekte mit komplexerer Beschaffenheit (Anzahl der Oberflächenfacetten) zur Vereinfachung vorzuziehen, um die Anzahl der Berechnungen zu minimieren.

- Aktuell erzielte Bildwiederholfrequenz:
  Wenn eine geforderte Mindestfrequenz der Bildwiedergabe unterschritten wird, werden die Objekte weiter vereinfacht, um die Darstellungsgeschwindigkeit zu erhöhen.

Zu diesen Punkten wurde eine Anwenderbefragung durchgeführt, in der Kriterien erfaßt, diskutiert und priorisiert wurden. Es wurden dazu 9 Anwender von kommerziellen Off-line Programmiersystemen befragt. Zur Bewertung der einzelnen Kriterien sollten die Anwender eine Gewichtung durchführen. Damit die unterschiedlichen Anforderungen an Bahnprogrammierung und Simulation zur Einsatzplanung differenziert berücksichtigt werden, wurde die Bewertung getrennt für Off-line Programmierung und Einsatzplanung vorgenommen.

In Bild 28 sind die Ergebnisse der Gewichtung der Kriterien zusammengefaßt.

Gewichtung der Kriterien für die Objektdarstellung	**Anwendungsfall:**	
Kriterien :	Off-line Programmierung	Simulation zur Einsatzplanung
1) Entfernung zum Betrachter relativ zur Objektgröße	25%	40%
2) Entfernung des Objektes zum Rand des Sichtbereichs	10%	10%
3) Geschwindigkeit des Objektes	15%	5%
4) Komplexität des Objektes	5%	5%
5) Geschwindigkeit des Sichtvektors	10%	15%
6) Einhaltung einer Mindestbildwiederholfrequenz	35%	25%
7) Geforderte Priorität der Darstellungsqualität (Komplexität) gegenüber der Bildwiederholgeschwindigkeit:	gering	hoch

Bild 28: Gewichtung der Kriterien für das LoD-Verfahren.

Ein weiteres Ergebnis der Befragung, neben der Gewichtung der Kriterien, ist, daß der Renderer für die Off-line Programmierung und für die Simulation zur Einsatzplanung unterschiedliche Darstellungseigenschaften besitzen muß.

Da bei der Bahnprogrammierung für die interaktive Bahnvorgabe hohe Bildwiederholgeschwindigkeiten gefordert sind, wurde als Kompromiß eine eingeschränkte Modelldarstellung akzeptiert. Für die Darstellung der graphischen Modelle bei der Einsatzplanung hingegen wurden auch niedrigere Bildwiederholgeschwindigkeiten bei verbesserter Darstellung akzeptiert.

Da die Kriterien keinen ausschließenden Charakter haben, sondern untereinander in gewichteter Reihenfolge vorliegen, müssen zur entgültigen Entscheidung, in welcher Darstellungsform das Objekt präsentiert werden soll, die einzelnen Bewertungen der Objekteigenschaften gewichtet in eine Gesamtbewertung überführt werden.

Hierfür ist die Information, ob ein Kriterium erfüllt ist oder nicht, unzureichend. In der Gesamtbewertung muß daher auch der Grad der Erfüllung miteinfließen, um z.B. berücksichtigen zu können, ob sich das Objekt weit oder nur geringfügig hinter der zulässigen Entfernungsschwelle befindet. Bild 29 zeigt den strukturellen Aufbau der erforderlichen Bewertung eines Objektes

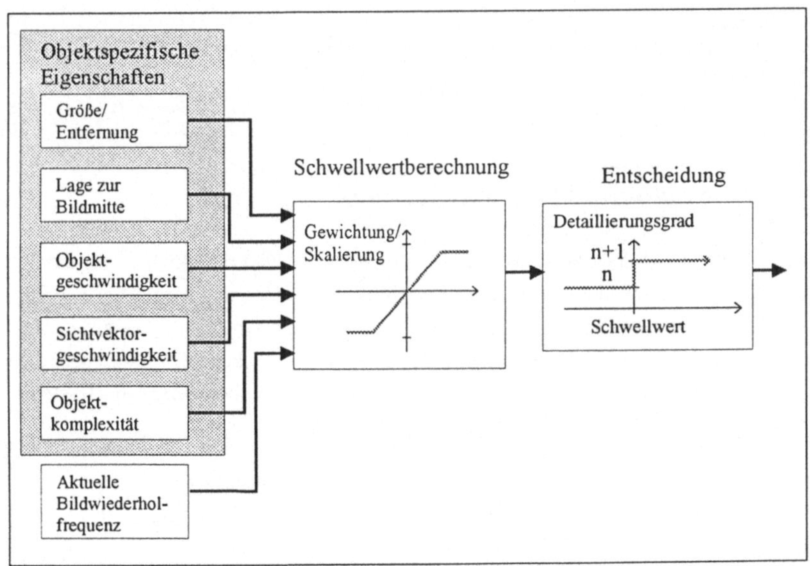

Bild 29: Bewertungsverfahren für ein Objekt.

Da die aktuelle Bildwiederholfrequenz als Kriterium in den Entscheidungsprozeß eingeht, wirkt das Verfahren wie ein Regelkreis: Eine gewünschte Bildwiederholfrequenz wird als Sollgröße vorgegeben und die Ausgangsgröße des Systems „Renderer", die tatsächlich erreichte Bildwiederholfrequenz, wird zurückgeführt.

Die Reglerstruktur eines LoD-Verfahrens, welches die aktuelle Bildwiederholfrequenz berücksichtigt, ist in Bild 30 dargestellt.

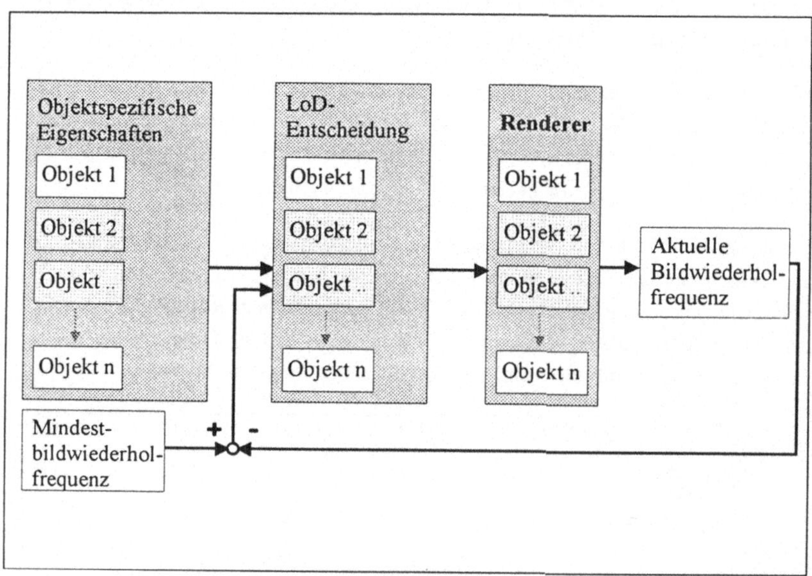

Bild 30: Regelkreisverhalten des LoD-Verfahrens

Wird die Erfüllung der Kriterien numerisch bestimmt, besteht die Möglichkeit, daß in Grenzfällen oszillierend zwischen zwei Darstellungsarten hin- und hergeschaltet wird. Dies ist der Fall, wenn z.B. beim Entscheidungskriterium Objektentfernung die Entfernung den Grenzwert erreicht hat und durch Ungenauigkeiten/Meßrauschen des Positionserfassungssystems der Grenzwert unter- und überschritten wird. Ein Hystereseglied unterdrückt solche Schwingungen.

Insgesamt ergibt sich folgende, in Bild 31 dargestellte Struktur des Verfahrens:

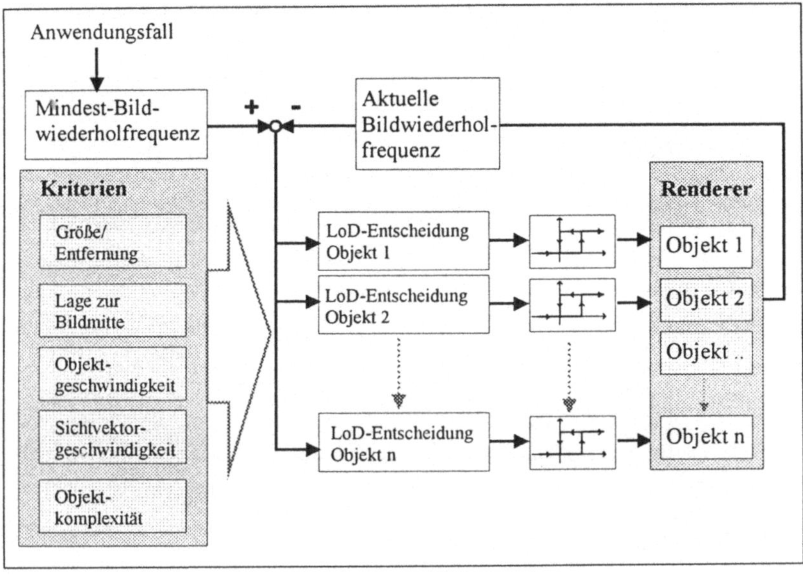

Bild 31: Gesamtstruktur des LoD-Verfahrens für Robotersimulation

6.2 Navigation in der graphischen Simulation

Für die Positionierung des Bedienerstandortes mit der 3D-Sensorkugel war eine intuitive Benutzung dieses Eingabegerätes gefordert. Dies setzt folgendes voraus:

- Bei einer konstanten Auslenkung der 3D-Sensorkugel muß auch eine konstante Verfahrgeschwindigkeit der Bedienerposition erzielt werden.
- Eine Feinpositionierung im Nahbereich muß genauso wie eine schnelle Positionierung über größere Distanzen hinweg möglich sein.

Da während der Simulation, bedingt durch unterschiedlich lange Rechenzeiten zur Bildwiedergabe, die Abfrage der 3D-Sensorkugel nicht zeitäquidistant erfolgt, wird, im Falle einer konstanten Eingabe bei einer linearen Verarbeitung der Eingabesignale, keineswegs eine konstante Positioniergeschwindigkeit des Bedienerstandortes in der Simulation erreicht. Bild 32 zeigt den Bewegungsverlauf im Falle einer konstanten Auslenkung der 3D-Sensorkugel bei unregelmäßiger Abfragefrequenz der Eingabewerte.

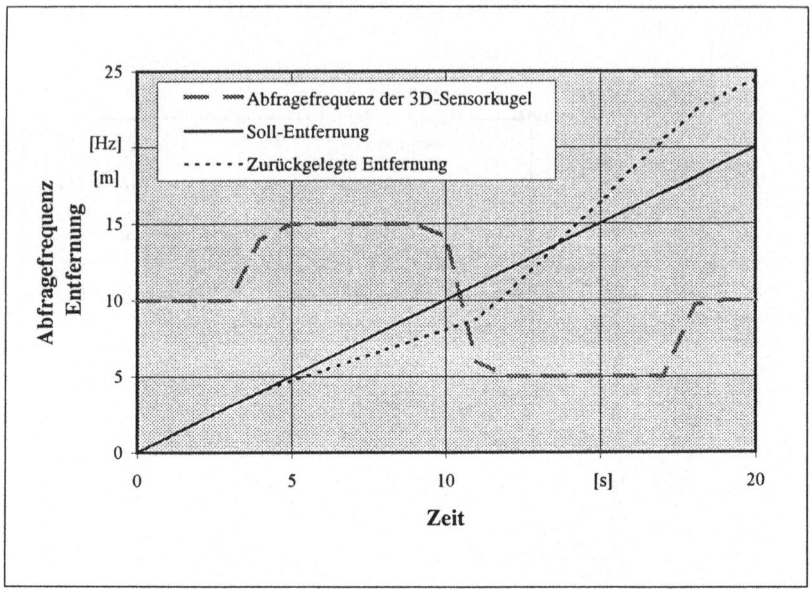

Bild 32: Zeitverlauf der Positionierung des Betrachters bei ungleichmäßiger Abfragefrequenz der 3D-Steuerkugel

Soll die Betrachterposition während der Simulation mit konstanter Geschwindigkeit bewegt werden, muß die Positionsverschiebung in Abhängigkeit der Abfragefrequenz der 3D-Sensorkugel erfolgen. Dazu gelten folgende Voraussetzungen:

- Die zum Berechnungszyklus k ermittelte Frequenz der Abfrage für die 3D-Sensorkugel sei f,
- $V_{\max}$ sei die maximal vorgebbare Geschwindigkeit des Betrachters,
- $D_{\max}$ die maximale Auslenkung der 3D-Sensorkugel,
- und D_k die Auslenkung während des Berechnungszyklus k.

Dann gelte für die Geschwindigkeit V_k des Betrachters beim Berechnungszyklus k:

$$V_k = \frac{D_k}{|D_{\max}|} \cdot V_{\max}$$

Mit
$$V_k = \frac{\Delta s}{\Delta t}$$

und
$$\Delta t = \frac{1}{f}$$

folgt:
$$\Delta s = \frac{D_k}{D_{max}} \cdot \frac{V_{max}}{f}$$

Wird der Betrachterstandort bei jedem Zyklus um den aktualsierten Wert Δs verschoben, so erhält man eine Geschwindigkeitsvorgabe, die von der aktuellen Frequenz unabhängig ist.

Für die Positionierung der Betrachterposition ist zum einen eine Feinpositionierung in der Größenordnung von cm/s erforderlich und zum anderen müssen auch größere Distanzen innerhalb kurzer Zeit überwunden werden. Daraus ergeben sich Geschwindigkeiten in der Größenordnung von m/s. Werden die Eingaben der Steuerkugel linear in die gewünschten Verfahrgeschwindigkeiten der Betrachterposition umgesetzt, bedeutet dies, daß bei der Maximalauslenkung der 3D-Steuerkugel Geschwindigkeiten in der Größenordnung von z. B. 10 m/s erreicht werden.

Für eine Feinpositionierung folgt daraus, daß die 3D-Steuerkugel nur um wenige Prozent ausgelenkt werden darf, ansonsten wird die gewünschte Position verfehlt. Da die Gesamtauslenkung jedoch nur wenige mm beträgt, ist eine genaue Positionierung innerhalb von Zentimetern fast unmöglich. Demzufolge sollten die feinen Auslenkungen stärker berücksichtigt werden, als die großen Auslenkungen.

Durch logarithmisches Bewerten der Auslenkungen lassen sich drei Geschwindigkeitsbereiche mit der 3D-Sensorkugel berücksichtigen:

- Feinpositionierung (0,01 ... 0,1m/s)
- Grobpositionierung (0,1 ... 1m/s)
- Überwinden größerer Distanzen (Fernpositionierung) (1 ... 10m/s)

Bild 33 zeigt den Geschwindigkeitsverlauf in logarithmischer Darstellung.

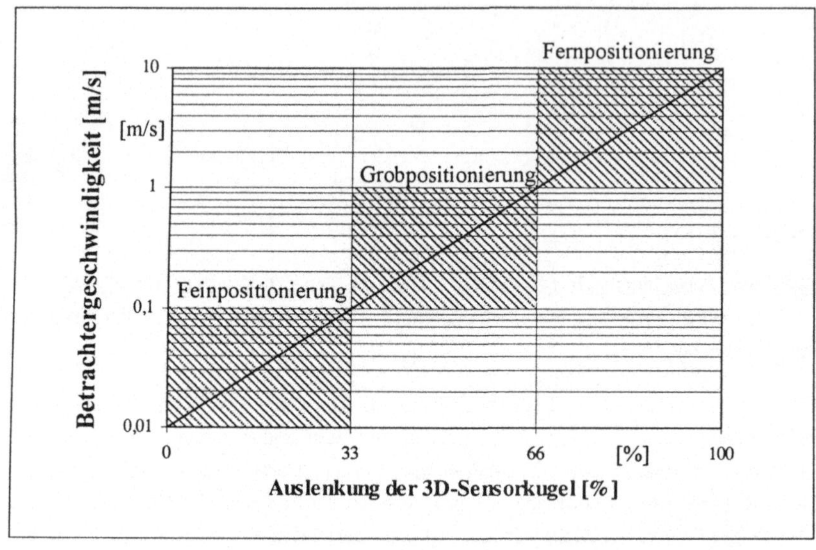

Bild 33: Logarithmische Skalierung der Eingabewerte der 3D-Steuerkugel

7 Realisierung der Bedienstation

Zum Nachweis der Funktionsfähigkeit der Bedienkonzepte wurde eine Bedienstation zur Programmierung und Simulation von Industrierobotern realisiert /45/, /60/, /67/, /68/. Die Hardware-Architektur wurde überwiegend mit marktgängigen Komponenten realisiert, die entsprechend konfiguriert und miteinander vernetzt wurden. Die Softwarearchitektur wurde vollständig neu entwickelt und in der Sprache C /69/ realisiert.

7.1 Beschreibung und Konfiguration der Systemkomponenten

3D-Sensorkugel:
Als 3D-Sensorkugel wird die „Space-Mouse" der Fa. Space Control eingesetzt. Die Ankopplung der Steuerkugel an den Hostrechner erfolgt über eine RS232C-Schnittstelle. Dabei findet die Datenübertragung nur nach erfolgter Aufforderung statt, um die Datensicherheit der Übertragung zu gewährleisten. Entsprechend der eingestellten Betriebsart erhält der anfordernde Hostrechner von der Steuerkugel sechs Werte, jeweils drei Byte für die Kräfte (= Translation) und Momente (= Rotation), welche der Bediener auf die Steuerkugel ausübt. Die Datenübertragung erfolgt mit einer Übertragungsrate von 9600 Baud. Darüber hinaus verfügt die Steuerkugel über weitere Taster, deren Schaltzustand mit dem Datenprotokoll an den Hostrechner übermittelt werden kann. Für die Realisierung der Bedienfunktionen wurde eine zusätzliche Buchse im Gerät integriert, über die weitere, externe Taster abgefragt werden können.

3D-Eingabegerät mit integrierten Tastern:
Für die Realisierung des 3D-Programmiergerätes wurde der Kunststoffgriff eines Computer-Joysticks verwendet, in dem ein Positionssensor integriert wurde. Weiterhin wurden zusätzliche Taster integriert, mit denen weitere Eingaben, z. B. Menüaufrufe erfolgen können. Die Taster werden über die Zusatzbuchse der 3D-Sensorkugel abgefragt und die Schaltzustände mit dem Datenprotokoll der 3D-Sensorkugel an den Hostrechner übertragen.

HMD:
Für die interaktive Darstellung der graphischen Simulation wird ein HMD der Fa. „Virtual Research" eingesetzt. Die erforderlichen zwei Videosignale im Videoformat NTSC werden für die zwei Flüssigkristall-Bildschirme im Inneren des HMD wie folgt gewonnen: Die vom Graphikrechner erzeugten RGB-Signale werden auf NTSC-Modus umgeschaltet. Dieses Signal ist wandelbar und wird in Umwandlungsgeräte (Video I/O-Boxen) gespeist. Dort wird aus dem wandlungsfähigen RGB-Signal ein NTSC-

Videosignal erzeugt. Das HMD wird über BNC-Buchsen mit der Video I/O-Box verkabelt.

Positionserfassungssystem:
Zur Erfassung der Kopf- und Handbewegungen wird ein Positionserfassungssystem vom Typ „3Space Tracker" der Fa. Polhemus eingesetzt. Das System liefert die Position und Orientierung in sechs Freiheitsgraden von bis zu vier Empfängern relativ zu einer Magnetquelle. Bei der Verwendung von zwei Empfängern (zwei Messungen unabhängig voneinander) lassen sich die Daten von Position und Orientierung der Empfänger über eine RS232-C Schnittstelle bis zu 30 mal in der Sekunde abfragen und zum Hostrechner übertragen. Die Datenübertragung erfolgt mit 19200 Baud. In jedem Datenblock werden die translatorischen Werte (Einheit cm) und die drei Richtungswinkel Azimuth, Elevation und Roll entsprechend der Anforderung zum Hostrechner übertragen.

Graphikrechner:
Für die Erzeugung der Graphikbilder wird ein Supergraphik-Computer der Fa. Silicon Graphics vom Typ Onyx eingesetzt. Dieser Rechner ist mit einem Unix-Betriebssystem ausgestattet und verfügt über RISC-Prozessoren. Zur Erzeugung der Stereobilder ist der Rechner mit zwei Graphikkarten ausgestattet, welche unabhängig voneinander die Bilder für das linke und das rechte Betrachterauge generieren. Der Rechner ist mit RS232-C-Schnittstellen und Ethernet-Anschlüssen ausgestattet und verfügt über RGB-Ausgabesignale.

Industrieroboter:
Als Industrieroboter wurde ein Roboter vom Typ Unimation Puma 260 eingesetzt. Dieser ist mit einer Mark III-Steuerung ausgestattet. Diese Steuerung verfügt über einen sogenannten Alter-Port, der zur Kommunikation mit einem externen Host-Rechner eingesetzt wird. Über diesen Alter-Port läßt sich eine Realzeit-Bahnvorgabe durch Sensoreingabe durchführen. Dazu werden sensorische Eingaben zur Abweichung von der Sollbahn benutzt, mit denen die Bewegungen des Roboters in Echtzeit verändert werden können. Befindet sich der Roboter in der Alter-Betriebsart (Alter-Modus), so lassen sich über die eingebaute serielle Schnittstelle, mit einer Übertragungsrate von 19200 Baud, kontinuierlich Abweichungen von der Sollbahn vorgeben. Der Roboter führt dann die Bahnabweichungen in einem Zeitintervall von 28 ms unabhängig von der Größe der Bahnabweichung aus. Die Daten, die das System zur Änderung des Bahnverlaufs vom Hostrechner erhält, können sich auf das Roboterwelt- oder auf das Robotertoolkoordinatensystem beziehen. Da die Bewegungen bezogen auf Positions- und Orientierungsveränderungen der Bedienerhand auf den Roboter-TCP

übertragen werden müssen, werden Änderungen bezogen auf das Robotertoolkoordinatensystem vorgegeben.

7.2 Hardwarearchitektur zur prozeßnahen Programmierung

Der Industrieroboter erhält über den Alter-Port der Mark III Steuerung die Bahnbefehle von einem Hostrechner. Der Bediener modifiziert die Roboterbahn mit dem 3D-Programmiergerät. Die Bewegungen werden über den Empfänger des Positionserfassungs-System erfaßt und mittels serieller Schnittstelle an den Hostrechner übertragen. Die Taster am 3D-Programmiergerät sind an die 3D-Sensorkugel angeschlossen. Der Tastenzustand wird von der Steuerkugel über die serielle Schnittstelle an den Hostrechner übertragen. Dadurch läßt sich der erforderliche Zustimmungsschalter (Totmanntaste) realisieren. Bild 34 zeigt die Hardwarearchitektur im Überblick.

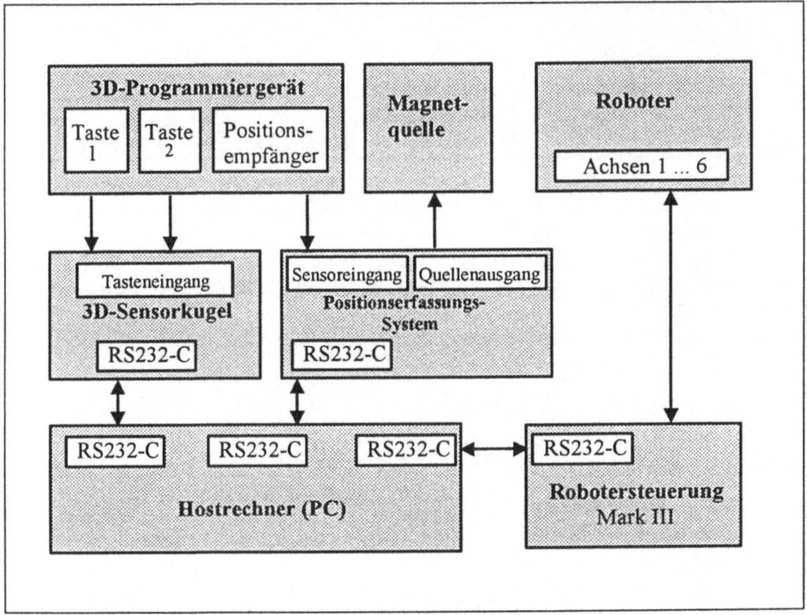

Bild 34: Hardwarearchitektur zur prozeßnahen Programmierung

Sobald die Totmanntaste vom Bediener gedrückt wird, wird die Anfangsposition und -orientierung des 3D-Programmiergerätes erkannt und alle Veränderungen aus dieser Anfangsposition und -orientierung auf den TCP des Roboters übertragen. Der Roboter-TCP bewegt sich so parallel zur Bewegung des 3D-Programmiergerätes.

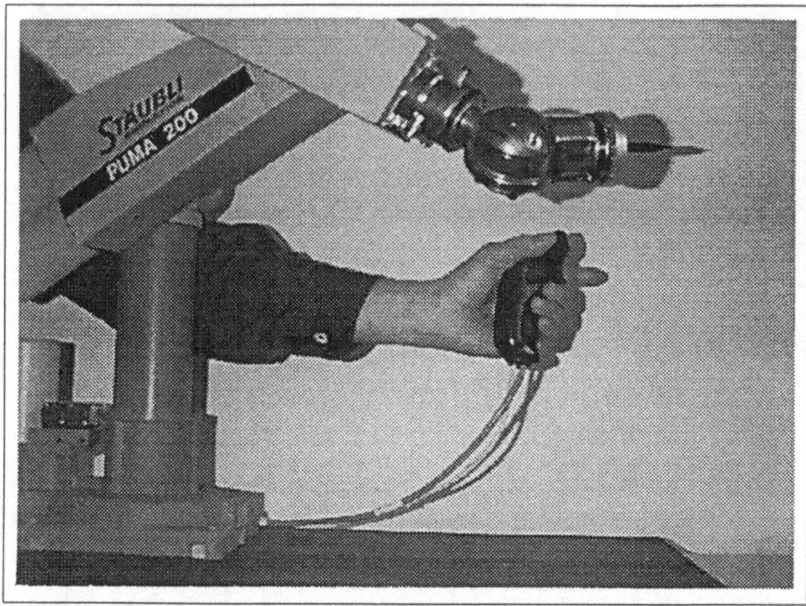

Bild 35: Bewegungsprogrammierung mittels 3D-Programmiergerät

7.3 Hardwarearchitektur zur prozeßfernen Programmierung

In der Bedienstation zur prozeßfernen Programmierung sind 3D-Sensorkugel, 3D-Programmiergerät und HMD integriert. Diese Ein- und Ausgabegeräte sind mit dem Graphikrechner verbunden. Die 3D-Sensorkugel ist über eine RS232-C-Schnittstelle an den Graphikrechner angeschlossen. Zusätzlich wird über diese Verbindung der Schaltzustand der Taster des 3D-Programmiergerätes übertragen. Das 3D-Programmiergerät enthält neben den beiden Tastern noch den Empfänger des „3Space Tracker". Ein weiterer Empfänger ist im HMD integriert. Beide Empfänger sind am „3Space Trakker" angeschlossen, welcher über eine RS232-C-Schnittstelle mit dem Graphikrechner verbunden ist. So werden Kopf- und Handbewegungen übertragen. Für die gleichzeitige, aber getrennte Wiedergabe des linken und des rechten Bildes für das HMD wird der Graphikrechner mit zwei Graphikkarten konfiguriert.

Die Videosignale für das rechte und linke Auge werden aus den RGB-Signalen des Graphikrechners durch Wandeln der Signale in den Video I/O-Boxen gewonnen. Der Graphikrechner überträgt die Bewegungsvorgaben für den Roboter über ein Ethernet-Protokoll an den Hostrechner zur Robotersteuerung. Durch die Realisierung mittels

Ethernet sollte der Einsatz einer weiteren seriellen Schnittstelle vermieden werden, da zum einen die Ethernet-Verbindung wesentlich schneller ist und zum anderen sich beim Graphikrechner bei zunehmenden Einsatz von seriellen Schnittstellen ein deutlicher Abfall der Graphikleistungen feststellen läßt.

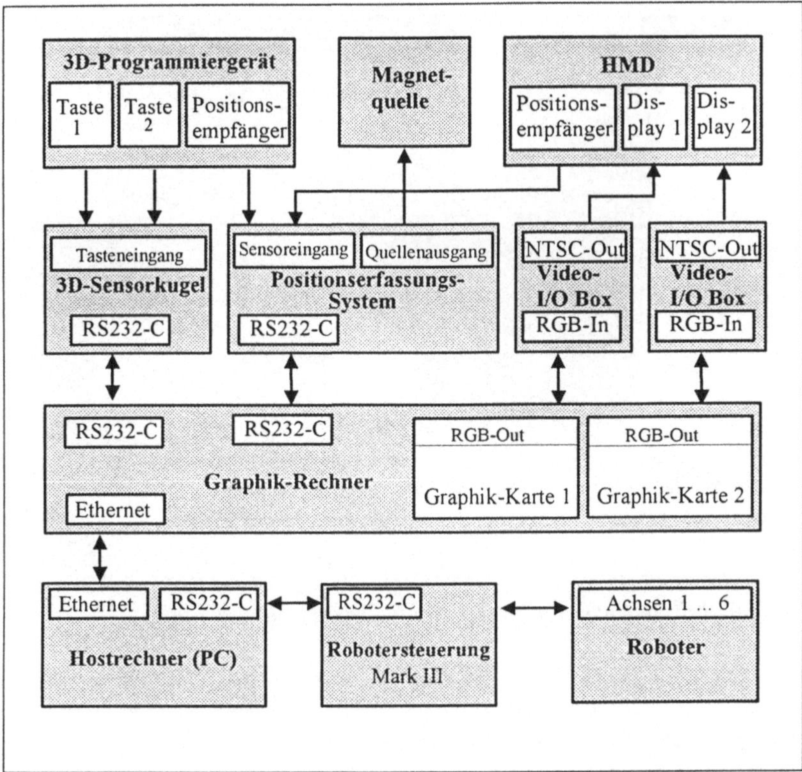

Bild 36: Hardwarearchitektur zur prozeßfernen Programmierung

Die Verbindung vom Hostrechner zur Robotersteuerung ist wie bei der prozeßnahen Bewegungsprogrammierung realisiert. Bild 36 zeigt die Architektur im Überblick

Die Bedienstation wurde folgendermaßen gestaltet: Dem Bediener steht ein Sitzplatz zur Verfügung, der ihm genügend Bewegungsfreiraum für den Einsatz des HMD läßt. Mit der linken Hand hat er die 3D-Sensorkugel zur Verfügung, die mit angewinkeltem Arm bequem zu erreichen ist. In der rechten Hand befindet sich das 3D-Programmiergerät zur Bewegungseingabe. Die integrierten Taster lassen sich mit

Daumen und Zeigefinger bedienen, ohne die Lage des Gerätes in der Hand verändern zu müssen. Prinzipiell lassen sich beide Geräte miteinander vertauschen, ohne das weitere Veränderungen vorgenommen werden müssen. (Linkshänder-Rechtshänder-Problematik).

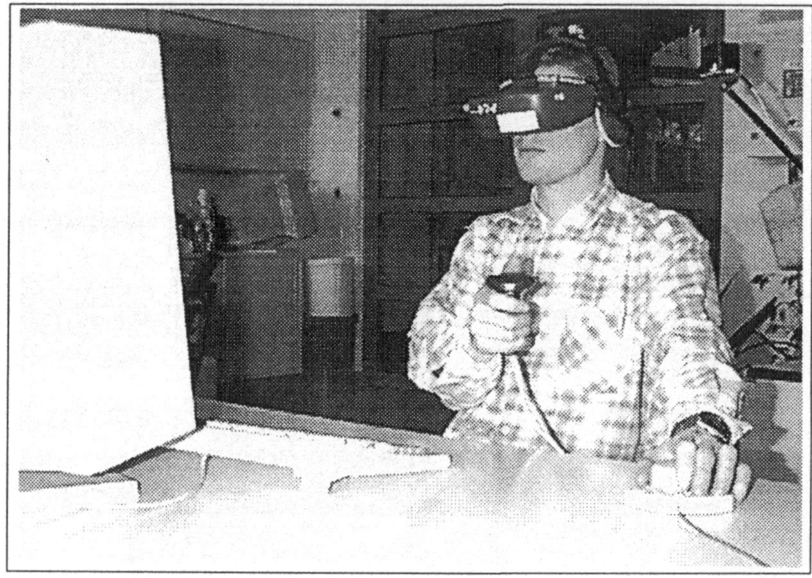

Bild 37: Bedienstation zur prozeßfernen Programmierung

Die Magnetquelle des „3Space Tracker" ist direkt hinter dem Sitz angebracht. Dadurch ist sichergestellt, daß die Empfänger des „3Space-Tracker" immer in Reichweite der Magnetquelle sind, solange der Bediener auf dem Stuhl sitzen bleibt. Für weitere Eingaben, z. B. für die Erstellung der Ablaufprogrammierung, stehen Tatstatur, Bildschirm und Maus zur Verfügung. Bild 37 zeigt die realisierte Bedienstation.

7.4 Software-Realisierung

Sämtliche Softwareentwicklungen wurden in der Programmiersprache C nach ANSI-Standard /69/ implementiert, um eine zukünftige Portierung für industrielle Anwendungen mit minimalen Aufwand durchführen zu können.

7.4.1 Software für die prozeßnahe Programmierung

Das Programm des Hostrechners für die Robotersteuerung ist das Kernstück der Software. Beim Programmstart wird zunächst das Positionserfassungssystem initialisiert, die aktuelle Position des Roboters abgefragt und alle Variablen initialisiert. Dann wird die Mark III Steuerung in den Alter-Modus versetzt.

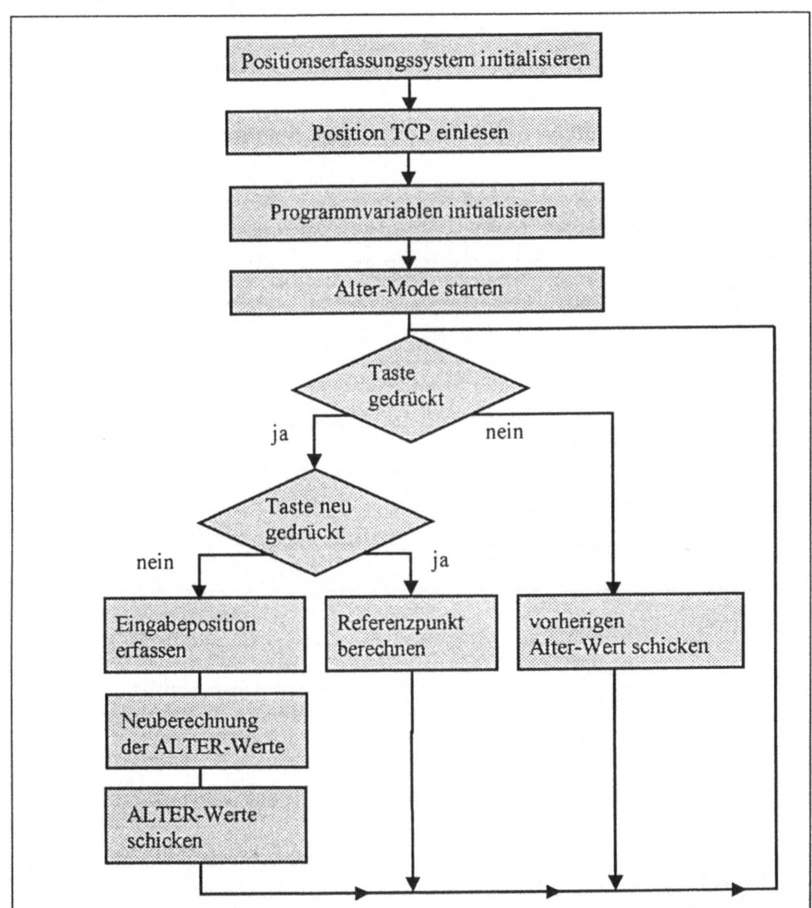

Bild 38: Programmablauf zur prozeßnahen Programmierung

Daraufhin wird in einer Endlosschleife die Totmanntaste abgefragt. Wird diese Taste neu gedrückt, so wird die erste aktuelle Position und Orientierung des 3D-

Programmiergerätes erfaßt und als Referenzwert gespeichert. Andernfalls wird die aktuelle Position und Orientierung mit dem alten Referenzwert verglichen und mathematisch aufbereitet. Ein so berechneter Datensatz wird an die Robotersteuerung geschickt und löst, falls das 3D-Programmiergerät in seiner Position und Orientierung verändert wurde, eine Bahnabweichung des Roboters aus. Wird die Totmanntaste nicht gedrückt, so wird ständig der vorherige Wert an die Robotersteuerung geschickt und der Roboter-TCP bleibt in seiner bisherigen Position und Orientierung. Der Programmablauf ist in Bild 38 dargestellt.

7.4.2 Software für die prozeßferne Programmierung

Die Softwarearchitektur für die prozeßferne Programmierung ist in Bild 39 dargestellt.

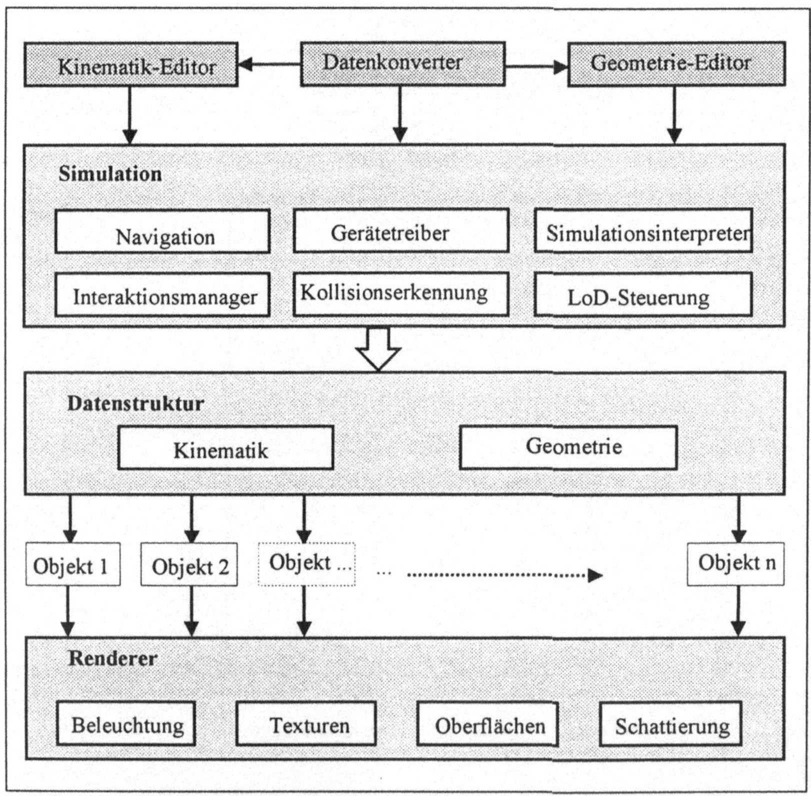

Bild 39: Softwarekomponenten für die prozeßnahen Programmierung

Das Softwarepaket besteht aus den drei Hauptkomponenten Simulationsmodul, Datenstruktur und Renderermodul.

Das Simulationsmodul besteht aus sechs Komponenten. Die Gerätetreiber ermöglichen die Anbindung von Eingabegeräten über die seriellen Schnittstellen. In der Komponente Navigation werden alle Berechnungen durchgeführt, um aus den Sensordaten des „3Space Trackers" und der 3D-Sensorkugel die Position und Orientierung des virtuellen Sichtvektors zu generieren. Hier wird auch der Augenabstand des Bedieners berücksichtigt und in die Steuerung der beiden Sichtvektoren eingebracht, um eine stereoskope Darstellung zu gewährleisten.

Im Interaktionsmanager werden die möglichen Interaktionen des Bedieners mit den graphischen Objekten definiert, d. h. welche Eingabeaktionen sich auf die Objekte der Simulation auswirken. Weiterhin beinhaltet der Interaktionsmanager die Handhabung der virtuellen Menüs, welche die eigentliche Bedieneroberfläche zur Kontrolle der Simulationsabläufe darstellt. Durch Antippen der virtuellen Menüs mit dem 3D-Joystick können Steuerungssequenzen aufgerufen werden, Roboter aus einer Bibliothek ausgewählt werden oder fertige Bewegungsprogramme abgerufen werden.

Die Berechnung zur vereinfachten Darstellung der graphischen Objekte findet im Modul für die LoD-Steuerung statt.

Im Simulationsinterpreter werden die Rückwärtstransformationen der simulierten Roboter berechnet und die Handbewegungen des Bedieners in Roboterbewegungen umgesetzt.

In der Komponente Kollisionserkennung werden alle Kollisionen des Roboters mit seiner Umgebung erfaßt. Durch eine Extrapolation der Bewegungen werden drohende Kollisionen erkannt und die Verbindung der Handbewegungen zum Roboter unterbrochen. Die Kollisionsvermeidung ist durch den Bediener selbst vorzunehmen, indem er den Roboter in eine andere Richtung bewegt.

In der Datenstruktur findet die Verwaltung der aktuellen Datenbasis statt. Die Geometrie- und Kinematikstrukturen sind hierarchisch aufgebaut. Basierend auf den Informationen aus dem Simulationsmodul wird hier berechnet, welches graphisches Objekt in welcher Form darzustellen ist.

Das Renderermodul wurde besonders im Hinblick auf die Echtzeitwiedergabe von schattierten Modellen entwickelt. Dazu wurde auf die grafische Bibliothek "Graphics Library" (GL) aufgesetzt, die von den Rechnern der Fa. Silicon Graphics hardwareseitig unterstützt wird. Vorhandene Shadingfunktionen werden in Verbindung mit einer Lichtquelle eingesetzt, um eine realistische Darstellungsweise der Roboterzelle zu erzielen. Texturen werden eingesetzt, um Objekte mit realistisch dargestellten Oberflächen zu versehen, oder um grafische Symbole auf den Menüleisten anzubringen. Weiterhin werden die Objekte hinsichtlich ihrer definierten Oberflächeneigenschaften (z. B. matt, glänzend, etc.) dargestellt.

Das realisierte Simulationssystem wurde zur Planung einer flexiblen Abfüllanlage für pharmazeutische Produkte eingesetzt. Dazu wurde mit dem Simulationssystem das Layout der Anlage geplant, die einzelnen Abläufe der Komponenten evaluiert und optimiert und die Taktzeiten ermittelt. Bild 40 zeigt eine typische Darstellung der robotergestützten Abfüllanlage, die mit dem Renderer dargestellt wird.

Bild 40: Graphische Darstellung einer simulierten Abfüllanlage

Das Simulationsmodell der Abfüllanlage ist durch folgende Kenngrößen beschrieben:

- Insgesamt 15888 Polygone.

- 1920 Objekte.

- Davon 174 Objekte, die beweglich sind und deren räumliche Anordnung entsprechend der simulierten Bewegungsabläufe laufend berechnet und dargestellt wird.

Bild 41: Realisierte Abfüllanlage

8 Erprobung der Mensch-Maschine-Schnittstellen

Die Leistungsdaten der Mensch-Maschine-Schnittstellen sollen in einer Versuchsreihe ermittelt werden. Dazu werden die herkömmlichen Mensch-Maschine-Schnittstellen zur Roboterbahnprogrammierung mit denen der entwickelten Bedienstation im Vergleich eingesetzt. Gemäß Kapitel 3 sollen die Schnittstellen hinsichtlich der Programmiergeschwindigkeiten und der Leistungsdaten der graphischen Darstellung untersucht werden.

In /24/ sind für vergleichende Untersuchungen an Mensch-Maschine-Schnittstellen im Laborversuch Anforderungen an Testbedingungen und Vorgehensweise definiert, von denen folgende auf die Roboterprogrammierung übertragbar sind:

- ❑ Die Art der Versuchsaufgabe sollte so gestellt sein, daß die Ergebnisse auf die reale Welt übertragbar sind.
- ❑ Die Versuchspersonen sollten durch geeignete Ausbildung und Einweisungsversuche auf annähernd gleichem Leistungsniveau sein.
- ❑ Die Anzahl der Versuchspersonen sollte möglichst hoch sein, damit die Stichprobe bestmöglich die Grundgesamtheit repräsentiert.
- ❑ Zur Verringerung der Versuchsfehler sollten Versuchswiederholungen durchgeführt werden.
- ❑ Die Versuchsbedingungen sind konstant zu halten.

Die Leistungsdaten der Mensch-Maschine-Schnittstellen sollen in einer Referenz-Programieraufgabe erfaßt werden. Die Programmieraufgabe besteht darin, an einem Werkstück mehrere vorgegebene Bahnpunkte einzuprogrammieren, wie es beim Punktschweißen, Beschichten, Bahnschweißen, etc. üblich ist. Bild 42 zeigt das Werkstück mit den Bahnpunkten und den zugehörigen Punktekoordinaten in Roboterweltkoordinaten.

Im prozeßnahen Betrieb werden daher die Programmiervorgänge mittels dem 3D-Programmiergerät und dem herkömmlichen Programmierhandgerät verglichen. Im prozeßfernen Betrieb werden die Programmiervorgänge mittels 3D-Programmiergerät und Eingabe mittels 3D-Sensorkugel hinsichtlich der Programmiergeschwindigkeit verglichen. Weiterhin werden die Programmiergeschwindigkeiten bei 2D-Darstellung und bei interaktiver 3D-Darstellung untersucht. Zur Bestimmung der geforderten Leistungsfähigkeit des Renderers gemäß Kapitel 3 werden Vergleiche zur erreichbaren Bildwiederholfrequenz erstellt.

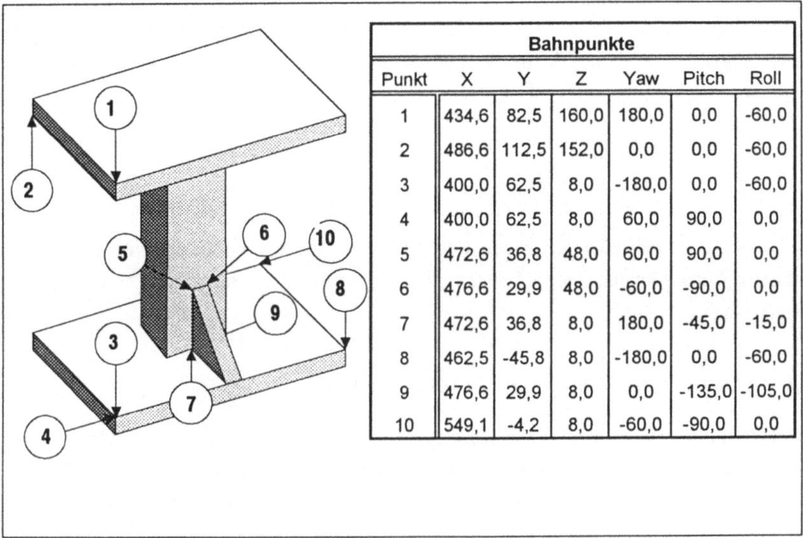

Bahnpunkte						
Punkt	X	Y	Z	Yaw	Pitch	Roll
1	434,6	82,5	160,0	180,0	0,0	-60,0
2	486,6	112,5	152,0	0,0	0,0	-60,0
3	400,0	62,5	8,0	-180,0	0,0	-60,0
4	400,0	62,5	8,0	60,0	90,0	0,0
5	472,6	36,8	48,0	60,0	90,0	0,0
6	476,6	29,9	48,0	-60,0	-90,0	0,0
7	472,6	36,8	8,0	180,0	-45,0	-15,0
8	462,5	-45,8	8,0	-180,0	0,0	-60,0
9	476,6	29,9	8,0	0,0	-135,0	-105,0
10	549,1	-4,2	8,0	-60,0	-90,0	0,0

Bild 42: Punktekoordinaten des Referenzwerkstückes

Diese Aufgabe wurde mehreren Testpersonen gestellt, die bereits über Erfahrungen in der Roboterprogrammierung verfügten. Den Testpersonen wurde vorher die Gelegenheit gegeben, sich mit dem Umgang der Ein- und Ausgabegeräte vertraut zu machen. Die Versuche wurden unter folgenden Randbedingungen durchgeführt:

- Für die Vergleichbarkeit der Versuche sollte stets das gleiche Werkstück programmiert werden.
- Insgesamt sollten zehn Punkte geteacht werden.
- Die Versuche sollten mit zehn Personen durchgeführt werden, um eine möglichst gute Repräsentation der Gesamtheit zu erhalten.
- Die zu programmierenden Punkte sollten mit einer Genauigkeit von 1 mm angefahren werden.

- Stützpunkte, die beim Abfahren der vorgegebenen Bahnpunkte Kollisionen mit dem Werkstück vermeiden sollten, sind frei wählbar.

Bei dem Werkstück handelte es sich um einen Stahlverbindungsträger mit den äußeren Abmessungen 12,5 x 10 x 15,9 cm. Bei der Lage und Reihenfolge der Teachpunkte wurde darauf geachtet, daß die Sollpunkte in Position und Orientierung eindeutig erkennbar und möglichst alle Koordinatenachsen zu betätigen waren.

Daher wurden bevorzugt Eckpunkte und verlängerte Kanten ausgewählt. Um Punktefolgen zu vermeiden, bei denen nur entlang einer Koordinatenachse verfahren werden muß, z. B. Verschiebung in Z-Richtung, wurde die Reihenfolge der Punkte so festgelegt, daß das Anfahren eines neuen Punktes nur durch das Verändern von mehreren Roboterachskoordinaten möglich war. Die Punkte wurden mit einer Indexierspitze angefahren.

8.1 Erprobung im prozeßnahen Betrieb

Die Programmieraufgaben am Referenzwerkstück im prozeßnahen Betrieb wurden mit dem in Kapitel 7 realisierten Bediensystem und dem Industrieroboter Unimation/Puma 260 durchgeführt. Bild 43 zeigt den Versuchsaufbau mit dem Referenzwerkstück.

Programmierversuche, bei denen die geforderte Genauigkeit von 1 mm nicht eingehalten wurde, kamen nicht in die Wertung und mußten wiederholt werden. Je Programmierer wurden fünf Versuche mit dem Programmierhandgerät und ebenfalls fünf Versuche mit dem 3D-Programmiergerät erfaßt und die Mittelwerte der benötigten Zeit berechnet.

In Bild 44 sind die durchschnittlichen Programmierzeiten der zehn Programmierer für beide Eingabegeräte dargestellt. Die Mittelwerte für die Programmierzeit betragen beim PHG $\bar{x}$ = 10,3 min und beim 3D-Programmiergerät $\bar{x}$ = 7,6 min mit einer Standardabweichung /70/ von s= 1,42 und s= 1,21

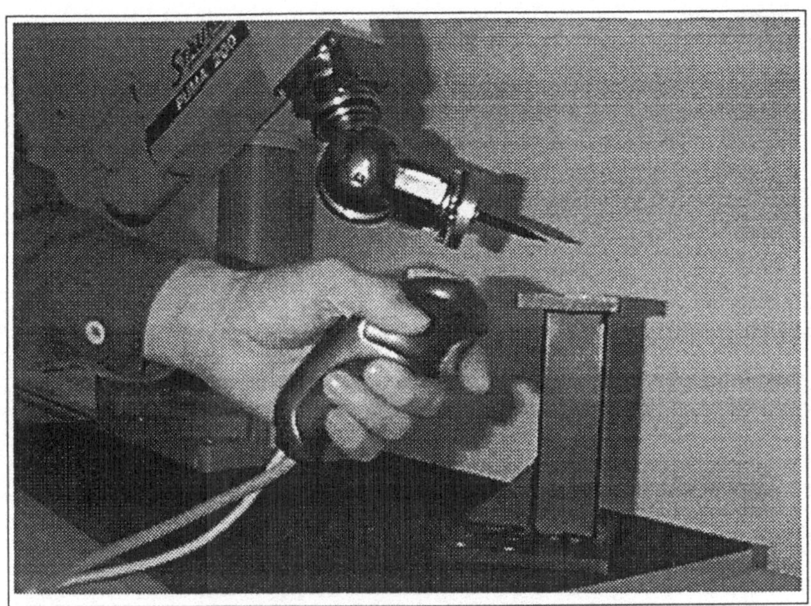

Bild 43: Versuchsaufbau zur prozeßnahen Programmierung

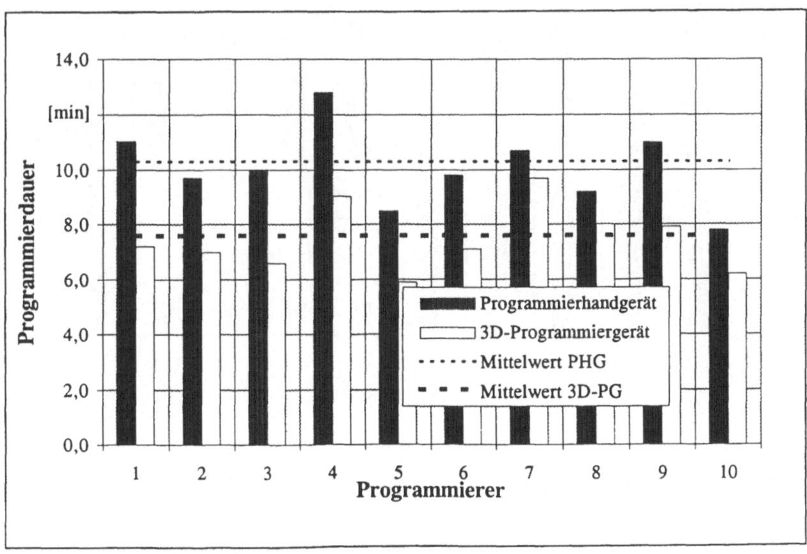

Bild 44: Programmierzeiten im prozeßnahen Betrieb

8.2 Erprobung im prozeßfernen Betrieb

Für die prozeßferne Programmierung der Bahnpunkte mittels des realisierten, in Kapitel 7 beschriebenen Simulationssystems, wurde das verwendete Robotersystem und die Geometrie des Werkstückes modelliert. Verglichen wurden die unterschiedlichen Programmierzeiten bei Verwendung des 3D-Programmiergerätes und der 3D-Sensorkugel und die unterschiedlichen Programmierzeiten unter Verwendung von HMD und Bildschirm.

Den Programmierern wurde die gleiche Programmieraufgabe wie in den prozeßfernen Versuchen gestellt. Die graphische Darstellungsweise war interaktiv und stereoskopisch. Je Programmierer wurden fünf Versuche mit dem Programmierhandgerät und ebenfalls fünf Versuche mit dem 3D-Programmiergerät erfaßt.

In Bild 45 sind die durchschnittlichen Programmierzeiten der zehn Programmierer für beide Eingabegeräte dargestellt. Die Mittelwerte für die Programmierzeit betragen bei der 3D-Sensorkugel $\bar{x}$ = 13,2 min und beim 3D-Programmiergerät $\bar{x}$ = 9,6 min bei einer Standardabweichung von s = 1,26 bzw. s = 2,01.

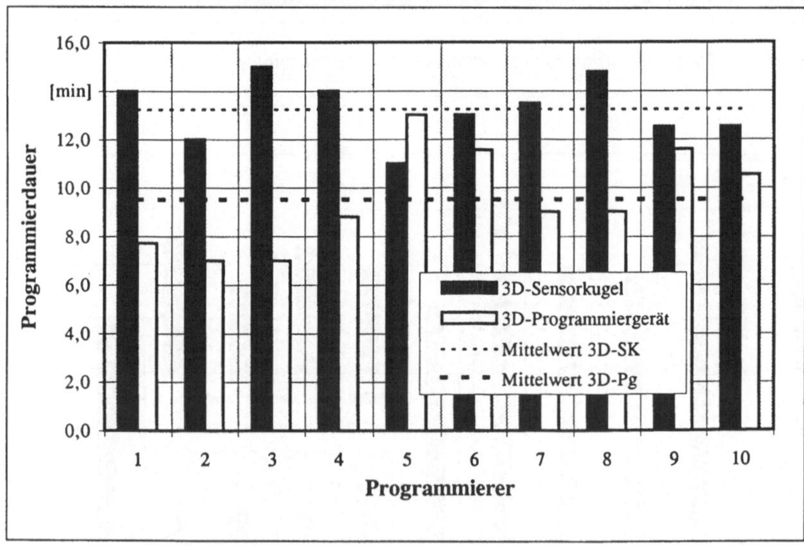

Bild 45: Programmierzeiten im prozeßfernen Betrieb

Um die Wirkungsweise der interaktiven Stereodarstellung zu untersuchen, wurde die gleiche Programmieraufgabe von zehn Programmierern zunächst mit Mono-

Darstellung auf dem Bildschirm ausgeführt und daraufhin mit Stereo-Darstellung unter Verwendung des HMD.

Dabei wurde das 3D-Programmiergerät zur Eingabe verwendet. Die erzielten Programmierzeiten der zehn Programmierer sind in Bild 46 dargestellt. Als mittlere Programmierzeit wurde bei der Stereodarstellung $\bar{x}$ = 9,6 min ermittelt, bei der monoskopen Darstellung $\bar{x}$ = 12,1 min.

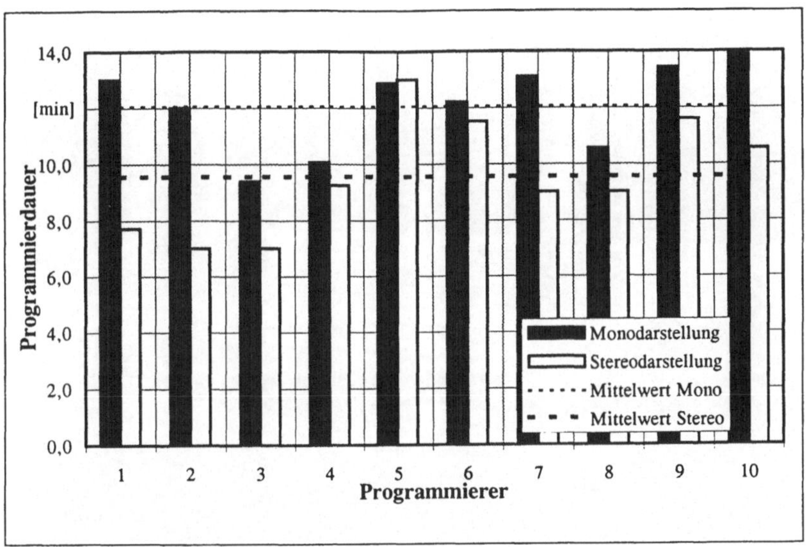

Bild 46: Programmierzeiten bei Mono- und Stereo-Darstellung

8.3 Erprobung des Renderers

Am Beispiel einer simulierten Roboteranlage sollen die Leistungsdaten des Renderers bestimmt werden. Dazu wurde die erreichbare Bildwiederholfreqenz zwischen einer herkömmlichen Darstellungsweise und mit dem LoD-Verfahren verglichen. Dabei wurde die Betrachterposition in beiden Fällen kontinuierlich auf einer festen Bahn verändert und die Bildwiederholfrequenz erfaßt.

Das graphische Modell der Roboteranlage wurde durch folgende Größenordnungen charakterisiert:

- 32500 Polygone,

- 1850 Objekte insgesamt,
- 114 bewegliche Objekte.

Durchgeführt wurde der Vergleich mit einem Graphik-Computer vom Typ Indigo/Silicon Graphics. Bild 47 zeigt das detaillierte Modell der Roboterzelle, wie es in der Simulation dargestellt wird.

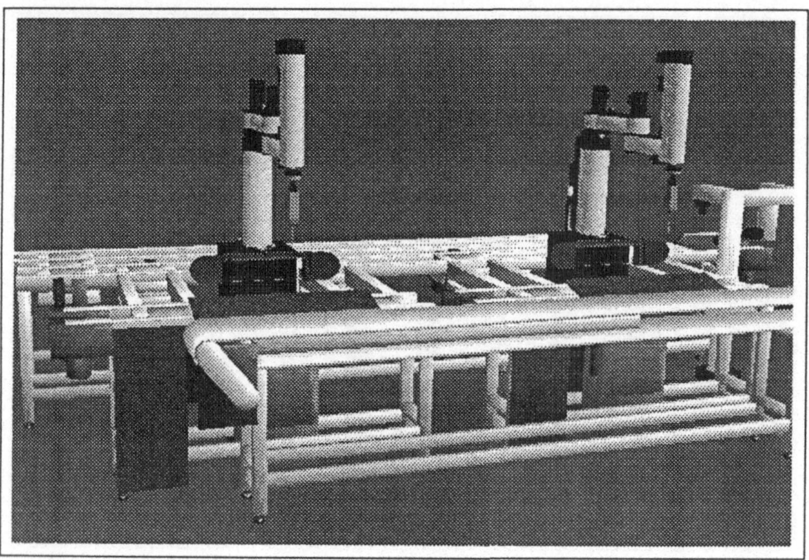

Bild 47: Graphische Darstellung einer simulierten Roboteranlage

Um vom zeitlichen Ablauf her vergleichbare Ergebnisse zu erhalten, wurde die Bahn der Betrachterposition nicht als eine sequentielle Abfolge von Positionen generiert, sondern die Positionen zu definierten Zeitpunkten zugeordnet. Dadurch war sichergestellt, daß Betrachterposition und Blickrichtung in beiden Fällen zu jedem beliebigen Zeitpunkt übereinstimmten und unabhängig von der Bildwiederholfrequenz waren. Die Sequenz der Bildwiedergabe dauerte 30 s und enthielt extreme Darstellungssituationen, um auch das Wiedergabeverhalten im Grenzbereich zu erfassen. Dies umfaßt:

- alle Objekte befinden sich im Sichtbereich,
- kein Objekt befindet sich im Sichtbereich,
- Betrachten eines kleinen Objektes mit geringem Sichtabstand innerhalb der Anlage.

Die Ergebnisse sind in Bild 48 dargestellt. Aufgezeigt wird der zeitliche Verlauf der Bildwiederholfrequenz *f* einmal mit eingeschaltetem LoD-Verfahren und einmal mit abgeschaltetem LoD-Verfahren.

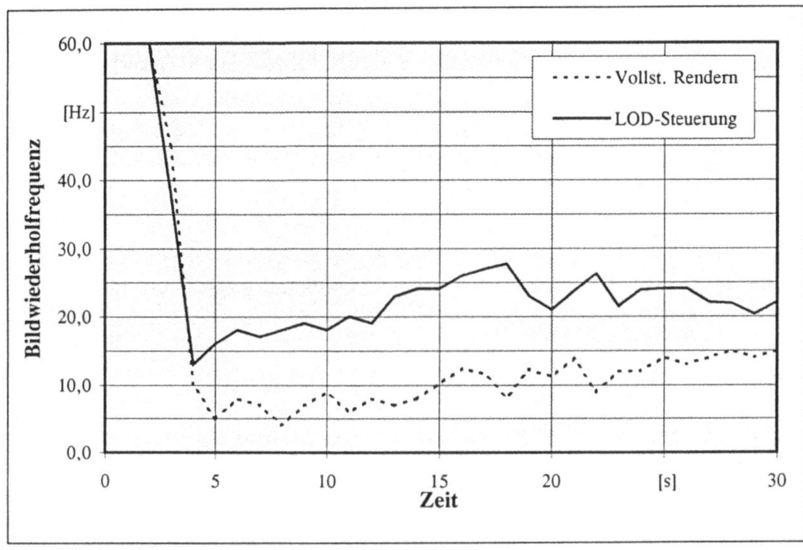

Bild 48: Bildwiederholfrequenz während der Darstellung

Wie aus der Darstellung hervorgeht, liegt die Bildwiederholfrequenz im Falle der Gesamtansicht der Roboteranlage bei eingeschalteten LoD-Verfahren um den Faktor 3,4 höher, als bei der herkömmlichen Berechnung der Gesamtansicht der simulierten Anlage. Beim Betrachten des Details innerhalb der Anlage beträgt dieser Faktor 2,5. Als Mittelwerte von f über den betrachteten Zeitraum wurden 23,53 (mit LoD-Verfahren) und 9,2 Darstellungen je Sekunde ermittelt.

8.4 Diskussion der Ergebnisse

Die vergleichenden Versuche der prozeßnahen Bahnprogrammierung haben gezeigt, daß durch den Einsatz des 3D-Handprogrammiergerätes die Programmierzeiten um 30% verringert werden können. Während der Versuche mit dem 3D-Programmiergerät konnte festgestellt werden, daß die Zeitvorteile bei der Grobpositionierung und -orientierung wesentlich größer waren. Für die Feinpositionierung und -orientierung mit dem 3D-Programmiergerät wurde die Möglichkeit der Bewegungsskalierung intensiv genutzt, um die geforderte Genauigkeit zu erreichen. Der Zeitvorteil gegenüber dem PHG fällt bei der Feinpositionierung und orientierung geringer aus.

Ähnliches Verhalten und Zeitvorteile wurden bei der prozeßfernen Programmierung beobachtet. Die Versuchspersonen bewerteten die Art der Eingabe und der Darstellung durchweg positiv. Bemängelt wurde jedoch die im Vergleich zum Bildschirm geringere Auflösung der Monitore im HMD und das zu hohe Gewicht des HMD.

Der Zeitvorteil der interaktiven Stereo-Darstellung im Vergleich zur monoskopen Darstellung konnte in den Versuchen mit ca. 25% ermittelt werden. Während der Versuche konnte festgestellt werden, daß bei der Mono-Darstellung im wesentlichen durch das häufige manuelle Einstellen und Korrigieren des Sichtvektors Zeitverluste auftraten. Dies war insbesondere darauf zurückzuführen, daß die Programmierer die fehlende Tiefeninformation bei der Mono-Darstellung durch ständiges manuelles Verändern der Blickrichtung kompensieren mußten, um z.B. den Abstand der Indexierspitze zum Werkstück visuell zu bestimmen.

Durch den Einsatz des LoD-Verfahrens konnte eine deutliche Steigerung der durchschnittlichen Bildwiederholfrequenz erzielt werden. Auch wenn die geforderte Mindestfrequenz von 20 Hz nicht immer eingehalten werden konnte, ist ein deutlicher Leistungsvorsprung gegenüber der konventionellen Darstellung festzustellen. Das Nichterreichen der Mindestfrequenz beruht auf dem Kompromiß von schwächer ausgelegten Entscheidungskriterien, der eingegangen werden mußte, um ein Schwingen des Darstellungsverhalten zu unterdrücken.

Weiterhin zeigt das gemessene Beispiel, daß die Bildwiederholfrequenz um den Faktor 4 variieren kann. Hieraus wird die Wichtigkeit des frequenzunabhängigen Eingabeverhalten der 3D-Sensorkugel ersichtlich, da sonst die Verfahrgeschwindigkeit mit diesem Eingabegerät um den Faktor 4 variiert hätte.

9 Zusammenfassung und Ausblick

Die Roboterprogrammierung verursacht einen wesentlichen Bestandteil der Betriebskosten eines Roboters und führt zu Stillstandszeiten. Dadurch beeinflußt sie direkt die Wirtschaftlichkeit eines Robotereinsatzes. Nachteilig wirkt sich dieses insbesondere beim industriellen Einsatz von Robotern bei kleinen und mittleren Losgrößen aus, da sich dort das Verhältnis von Produktionszeit und Programmieraufwand verschlechtert. Die zeitaufwendigste Komponente bei der Roboterprogrammierung ist die Bewegungsprogrammierung.

Aus der Analyse des Stands der Technik geht hervor, daß bei der prozeßnahen Bewegungsprogrammierung durch die verwendeten Eingabegeräte keine direkte Bewegungsvorgabe möglich ist, um den Programmiervorgang zu vereinfachen. Auch bei der prozeßfernen Bewegungsprogrammierung im Off-line Betrieb ist bisher keine direkte, intuitive Bewegungsvorgabe möglich. Die verwendeten Eingabemethoden bestehen in umständlichen Richtungsvorgaben durch Tastendruck und Anklicken von Stützpunkten mit der Computermaus auf dem Bildschirm.

Eine Vereinfachung der Bewegungsprogrammierung durch den Einsatz neuer Mensch-Maschine-Schnittstellen im prozeßnahen wie auch im prozeßfernen Betrieb ist daher erforderlich.

Basierend auf fortschrittlichen Mensch-Maschine-Schnittstellen wird ein Bedienkonzept zur prozeßnahen und prozeßfernen Bewegungsprogrammierung von Industrierobotern entwickelt. Ziel ist es, das Führen eines Industrieroboters durch direktes Übertragen von Handbewegungen, prozeßnah wie auch prozeßfern in der Simulation, zu ermöglichen. Im Rahmen eines Versuchsaufbaus soll die Funktionsfähigkeit einer solchen Bedienstation basierend auf dem Bedienkonzept nachgewiesen werden.

Als Voraussetzung zur Ableitung neuer Bedienkonzepte wird der erforderliche Funktionsumfang für die Bahnprogrammierung durch Bewegungsvorgabe hergeleitet. Basierend auf diesem Funktionsumfang wird die Auswahl und Kombination der erforderlichen Ein-/Ausgabegeräte innerhalb einer Bedienstation vorgenommen. Weiterhin werden Konzepte zur Interaktion mit dem Industrieroboter und der graphischen Simulation erarbeitet.

Die zur Realisierung der Bedien- und Steuerungskonzepte erforderlichen mathematischen Verfahren werden im Hinblick auf die Anforderungen nach intuitiver Steuerung und Wahrnehmung hergeleitet.

Der Versuchsaufbau einer solchen Bedienstation wurde hinsichtlich der Anforderungen nach interaktiver, intuitiver Eingabe und Darstellung realisiert:

- Durch die Verwendung eines neuartigen Bediengeräts läßt sich jetzt erstmals die Roboterbahn durch paralleles Bewegen des Roboters zum Eingabegerät prozeßnah realisieren.
- Diese Art der Bewegungsprogrammierung läßt sich durch ein neu entwikkeltes Simulationskonzept in Verbindung mit stereoskopischer, interaktiver Graphikausgabe jetzt auch prozeßfern realisieren.
- Das Wunschkriterium nach Verwendbarkeit des gleichen Bediengeräts für prozeßnahe und prozeßferne Programmierung konnte ebenfalls erfüllt werden.
- Um die für die Interaktionen in der graphischen Simulation erforderlichen Bildfrequenzen auch bei komplexen Simulationsmodellen zu gewährleisten, wird ein Verfahren zur selektiven Vereinfachung des graphischen Modells entwickelt.
- Dieses LoD-Verfahren ist in der Lage, die unterschiedlichen Anforderungen an die graphische Darstellung hinsichtlich Off-line Programmierung und Simulation zur Einsatzplanung zu berücksichtigen.
- Im Rahmen der Versuchsreihen kann für die Bewegungsprogrammierung ein Zeitvorteil von 30% gegenüber herkömmlichen Verfahren ermittelt werden. Für die Grobpositionierung und -orientierung ist der Zeitvorteil noch größer. Insbesondere in der Simulation wird das schnelle Überprüfen von Programmvarianten vereinfacht.
- Die Versuchsreihen zeigen weiterhin, daß mit dem LoD-Verfahren die Bildwiederholfrequenz auch bei komplexeren Modellen in der zur Interaktion erforderlichen Höhe bleibt.

Für den zukünftigen industriellen Einsatz einer solchen Bedienstation sind folgende Weiterentwicklungen wünschenswert:

- Das verwendete Display mit seiner geringen Auflösung und dem noch hohen Eigengewicht erlaubt noch keine komfortable Langzeitbenutzung. Künftige Displays müssen leichter sein und über eine höhere Auflösung verfügen /71/.

- Die verwendete Positionssensorik zeigte sich bezüglich elektromagnetischer Einwirkungen störanfällig. Eine robustere Sensorik würde leistungshemmende Filteralgorithmen überflüssig machen.

- Die zukünftige industrielle Akzeptanz solcher Simulationssysteme wird stark von den Kosten eines Systems abhängen. Die zu erwartende Leistungssteigerung der Graphiksysteme wird dem entgegenkommen.

Mit der vorliegenden Entwicklung ist nachgewiesen, daß durch den Einsatz neuer Mensch-Maschine-Schnittstellen bei der Bewegungsprogrammierung erstmals die Bewegungen eines Roboters durch zeitsparende, intuitive Bewegungsvorgabe prozeßnah und auch in der Simulation erzeugt werden können.

10 Literaturverzeichnis

/1/ N. N.: Über allen Erwartungen
In: Roboter+Automation (1996) Nr.2,
S. 12 -14

/2/ N.N.: Die Realität übertrifft
alle Erwartungen
In: Roboter (1995) Robotermarkt 1996,
S. 8-10

/3/ N. N.: Roboter-News aus aller Welt
In: Roboter (1992) Robotermarkt 1993,
S. 12-14

/4/ Munk, K.: Hohe Verfügbarkeit
bei kleinen Losgrößen
In: Industrieanzeiger 117 (1995) Nr. 28,
S. 28-29

/5/ Neugebauer, J.: Automatisierungstechnik-
Chancen für die Lebensmittelindustrie
In: Fleischwirtschaft 76 (1996) Nr. 7,
S. 712-714

/6/ Lauffs, H.-G.: Fortschritte in der Robotik:
Bediengeräte zur 3D-Bewegungsführung
Braunschweig: Vieweg, 1991.

/7/ Herkommer, T.F.: Off-line-Programmieren
Geschichte und aktueller Stand
In: Zeitschrift für Wirtschaftliche Fertigung
ZwF 86 (1991) Nr. 8,
S. 392-396

/8/ Iversen, W.: Factory Simulation:
Pretty Pictures For Big Savings.
In: Assembly, 36 (1993),
S. 14-20.

/9/	Angermüller, G.; Kolbenschlag, P:	Schnelle Simulation: Erfahrungen mit der Einführung von Simulationssystemen In: Roboter (1990) Nr. 5, S. 20-22
/10/	Cardaun, U.:	Erfahrungen vorausgesetzt: Offline Programmierung von Lackierrobotern In: Roboter (1990) Nr. 5, S. 16-18.
/11/	Sougioltzis, V.:	Roboter in der Automobil-Lackierstraße. In: Produktionsautomatisierung 2 (1993), S. 33-35.
/12/	Schmid, D.; Reick, A.:	Simulierte Realität. In: Roboter (1991) Nr. 2, S. 32-34.
/13/	Hollenberg, F.:	CAD-basierte Off-line Programmierung von Lichtbogenschweißrobotern Aachen: Shaker, 1995. Zugl. Aachen, RWTH, Diss. 1995
/14/	N. N.:	Marktübersicht: Roboter Off-line-Programmiersysteme. In: Roboter (1990) Nr. 5, S. 30-31.
/15/	N. N.:	Desktop-Welding. In: Roboter (November 1991), S. 42-43.
/16/	N.N.:	Opel fährt gut mit Off-line In: Roboter, (1990) Nr. 5, S. 24-28
/17/	Wloka, D. W (Hrsg).:	Robotersimulation Berlin u.a.: Springer, 1991.
/18/	N. N.:	Deneb: IGRIP Neuß 1995 - Firmenschrift

/19/	Stetter, R.:	Rechnergestützte Simulationswerkzeuge zur Effizienzsteigerung des Industrierobotereinsatzes Berlin u.a.: Springer, 1994 Zugl. München, TU, Diss. 1993
/20/	N. N.:	Tecnomatix: ROBCAD Dietzenbach 1995 - Firmenschrift
/21/	Weiß, F.:	Prozeßnahe Roboterprogrammierung unter Einsatz eines inertialen Meßsystems Aachen, RWTH, Diss. 1989
/22/	Gruber, R.:	Handsteuersystem für die Bewegungsführung Braunschweig, Wiesbaden: (Fortschritte in der Robotik 14) zugl. Karlsruhe, Univ, Diss, 1992 Vieweg, 1992
/23/	Wloka, D. W.:	Robotersysteme, Band 2, Grafische Simulation Berlin; Heidelberg: Springer, 1992
/24/	Johannsen, G.	Mensch-Maschine-Systeme: Berlin; Heidelberg: Springer, 1993
/25/	Bullinger, H. J.:	Ergonomie: Produkt- und Arbeitsplatzgestaltung B. G. Teubner, 1994
/26/	N.N.:	Brockhaus-Enzyklopädie, 19., überarb. Aufl.1991 Mannheim: Brockhaus S. 420
/27/	Dillmann; Huck:	Informationsverarbeitung in der Robotik Berlin; Heidelberg: Springer, 1991

/28/ Däinghaus, R.: Dynamische Geometriedatenhaltung für schnelles Rendern in effizienten Virtual Reality-Systemen
In: Virtual Reality 94: IPA/IAO-Arbeitstagung, 9.-10. Feb. 1994 in Stuttgart
Berlin u.a.: Springer, 1994
S. 169-179

/29/ Hessler, M.: Off-line Programmierung von Industrierobotern
In: WT-Produktion und Management 84 (1994), S. 479-482

/30/ N. N.: Bahn nach Plan: Automatische Bahngenerierung für Roboter.
In: Roboter (1991) 4, S. 40-42.

/31/ Craig, J.: Robot Calibration Facilitates Off-line Programming.
In: Robotics World, March (1992) S. 24-25.

/32/ Hirzinger, G.: Transferring Space Robot Technologies into Terrestrial Applications.
In: Proceedings of the 25th International Symposium on Industrial Robots, April 24-26, Hanover, Germany ,1994
S. 587-604

/33/ N. N.: KUKA: Roboter
Augsburg 1996 - Firmenschrift.

/34/ N. N.: Automatik-Experiment im All: Der stumme Diener Rotex.
In: Luft- und Raumfahrt (1993) Nr. 4, S. 22-25.

/35/ Wrba, P.: Simulation als Werkzeug in der Handhabungstechnik
Berlin u.a.: Springer, 1990
Zugl. München, TU, Diss., 1989

/36/ Göbel, M; Neugebauer, J: The Virtual Reality Demonstration Centre
In: Computer & Graphics 17 (1993) Nr. 6,
S. 627-631

/37/ Watt, A.: 3D-Computer Graphics
2.,überarb. Aufl.
Wokingham, England: Addison Wesley, 1993

/38/ Kühnapfel, U.: Grafische Realzeitunterstützung für Fernhandhabungsvorgänge in komplexen Arbeitsumgebungen
Karlsruhe, Univ., Diss., 1992

/39/ Bickel, D.: Anwendungen von Virtual Reality in der Fertigungstechnik
In: Proc. Virtual Reality World 96, Stuttgart
München: Computerwocheverlag, 1996

/40/ Warnecke, H.-J.: Virtual Reality - Anwendungen und Trends
In:Virtual Reality 93: IPA/IAO-Arbeitstagung,
4.-5. Feb. 1993 in Stuttgart
Berlin u.a.: Springer, 1993
S. 9-11

/41/ Bullinger, H.-J.: Strategische Dimensionen der Virtual Reality
In: Virtual Reality 94: IPA/IAO-Arbeitstagung,
9.-10. Feb. 1994 in Stuttgart
Berlin u.a.: Springer, 1994
S. 15-26

/42/ Aukstakalnis, S.: Silicon Mirage:
The Art and Science of Virtual Reality
Berkeley, USA, 1992

/43/ Rheingold, H.: Virtuelle Welten:
Reisen im Cyberspace
Reinbeck, Hamburg: Rowolt, 1992

/44/ Kalawsky, R.: The Science of Virtual Reality
2. Auflage
Wokingham, England: Addison Wesley, 1994

/45/ Neugebauer, J.; Flaig, T.; Wapler, M.: VR4RobotS, a new Off-line Programming System based on Virtual Reality Techniques
In: Proc. of the 25th International Symposium on Industrial Robts,
April 24-26, 1994, Hannover,
S. 671-677

/46/ Pimentel, K.: Virtual Reality
Through the new looking Glass
New York: Windcrest/McGraw-Hill, 1992

/47/ Begault, D.: 3D-Sound for Virtual Reality and Multimedia
Boston: Academic Press, 1994

/48/ Bormann, S.: Virtuelle Realität:
Genese und Evaluation
Bonn: Addison-Wesley, 1994

/49/ Felger, W.: Innovative Interaktionstechniken in der Visualisierung
Berlin u.a.: Springer, 1995
Zugl. Darmstadt, Techn. Hochsch., Diss., 1994

/50/ Wloka, D.: CAVE: Personal or Small Group Non-HMD-Based Head Tracked Wrap-Around Virtual Environment
In: Proc. Virtual Reality World 96, Stuttgart
München: Computerwocheverlag, 1996

/51/ N. N.: Welche Kriterien über den Kauf von Robotern entscheiden.
In: Roboter+Automation (1996) Nr.2,
S. 8

/52/ N. N.: Impressionen und Innovationen
In: Roboter+Automation (1996) Nr.2,
S. 30-31

/53/	Burdea, G.; Richard, P.:	Effect of Graphics Update Rate on Human Performance in a Dynamic Virtual World In: Proc. of the 3rd Int. Conference on Automation Technology, July 6-9, 1994, Taipei, Taiwan 1994
/54/	Burdea, G.:	Force and Touch Feedback for Virtual Reality New York: Wiley, 1996
/55/	Sheridan,T.:	Man-Machine Systems Cambrigde, Mass.: MIT-Press, 1974
/56/	Durlach, N.:	Virtual Reality Scientific and Technological Challenges Washington: National Academy Press, 1995
/57/	Wloka, D. W.:	Robotersysteme, Band 1, Technische Grundlagen Berlin; Heidelberg: Springer, 1992
/58/	Bordegoni, M.; Hemmje, M.; Effenberger, D.:	Eine dynamische Gestensprache- Grafisches Feedback zur Interaktion in einem 3D-User-Interface. In: Der GMD-Spiegel (1993) Nr. 1, S. 67-72.
/59/	Hesse, S.:	Robotertechnik. 2.,durchges. Aufl. Leipzig: Bibliographisches Institut, 1989
/60/	Neugebauer, J.; Schraft, R. D.; Strommer, W.:	A Virtual Reality Testbed For Robot Applications In: Proc. of the 23. International Symposium on Industrial Robots October 1992, Barcelona, Spain S. 105-110

/61/ Astheimer, P.: Level of Detail Generation and it's Application in Virtual Reality
In: Selected Readings in Computer Graphics 1994
Veröffentlichungen aus dem Haus der Graphischen Datenverarbeitung
Darmstadt, 1994
S. 209-220

/62/ N.N.: Silicon Graphics: IRIS Performer
Mountain View, USA, 1995 - Firmenschrift

/63/ Rohlf, J.
Helman, J.: IRIS Performer:
A High Performance Multiprocessing Toolkit for Real-Time 3D Grapics
In: Proc. of Siggraph 94
Orlando, USA, July 24-29, 1994
Computer Graphics Proceedings
ACM, New York, 1994
S. 381-393

/64/ Neugebauer, J.;
Degenhart, E.;
Schraft, R. D.: Advances in Virtual Reality Techniques for Robot Simulation and Control
In: Proc. of the International Conference on Advanced Robotics,
1-2nd November 1993; Tokyo, Japan

/65/ Schraft, R.D.;
Neugebauer, J.;
Flaig, T., u. a.: A Fuzzy Controlled Rendering System for Virtual Reality Systems
In: Conference of the FIVE Working Group
London, UK, Dec. 18-19, 1995
London, 1995
S. 179-201

/66/ N. N.: VDI-Richtlinie 2860
Handhabungsfunktionen, Handhabungseinrichtungen, Begriffe, Definitionen, Symbole in Entwurf
Berlin: Beuth, 1982

/67/ Neugebauer, J.: Industrial Applications of Virtual Reality:
Robot Application Planning
In: Proc. 2nd Annual Conference on Virtual Reality
April 1992, London, GB
S. 92-102

/68/ Neugebauer, J.; Strommer, W.: Robot Simulation with Virtual Reality
In: Proceeding of the 2nd Workshop on Simulators for the European Space Programme,
November 1992, Noordwijk, Netherlands,
S. 1-11

/69/ Rosler, L.: Preliminary Draft Proposal Standard:
The C Language
Computer and Business Equipment Manufacturers
Washington.

/70/ Kreyszig, E. Statistische Methoden und ihre Anwendungen.
7., überarb. Aufl.
Göttingen: Vandenhoeck & Ruprecht, 1982

/71/ Bauer, W.: Ergonomic Issues of Virtual Reality Systems:
Head Mounted Displays.
In: Proc. Virtual Reality World 96, Stuttgart
München: Computerwocheverlag, 1996

Lebenslauf

Persönliches:		Jens Günter Neugebauer geboren am 30. März 1963 in Castrop-Rauxel
Eltern:		Günter Bruno Neugebauer und Christel Neugebauer geborene Jungmann
Familienstand:		ledig
Schulbildung:	1969 - 1973	Grundschule in Castrop-Rauxel
	1973 - 1982	Adalbert-Stifter-Gymnasium in Castrop-Rauxel Abschluß: Allgemeine Hochschulreife
Grundwehrdienst:	1982 - 1983	Raketenartilleriebatallion in Delmenhorst
Studium:	1983 - 1990	an der Universität Stuttgart, Fachrichtung Technische Kybernetik Abschluß: Diplom-Ingenieur
Berufstätigkeit:	seit 1990	wissenschaftlicher Mitarbeiter am Fraunhofer-Institut für Produktionstechnik und Automatisierung (IPA) in Stuttgart
	1993 - 1994	Gruppenleiter im Bereich Handhabungs- und Industrierobotersysteme
	seit 1995	Leiter der Abteilung Handhabungssysteme